JN143047

厳選

九州の 入門ガイド 巨樹・巨木巡り

大久保のヒノキ（宮崎県）

（撮影　本田守）

本田 守　石井 静也

写真提供　大和英一／平野眞弓

全国巨樹・巨木林の会 会員

宇美八幡宮のクス（福岡県）

（撮影　石井静也）

（撮影　本田守）

本庄の大クス（福岡県）

与賀神社のクス（佐賀県）　　（撮影　石井静也）

（撮影　石井静也）

武雄の大クス（佐賀県）

オガタマノキに絡みつく藤山神社の大フジ（長崎県）　（撮影　大和英一）

（撮影　本田守）

諫早公園のクス（長崎県）

竹の熊の大ケヤキ（熊本県）
（撮影　平野眞弓）

（撮影　大和英一）

寂心さんのクス（熊本県）

永利のオガタマノキ（鹿児島県）　　（撮影　本田守）

（撮影　本田守）

奥十曽のエドヒガン（鹿児島県）

去川の大イチョウ（宮崎県）　　（撮影　本田守）

（撮影　本田守）

八村杉（宮崎県）

柞原八幡宮のクス（大分県）　（撮影　大和英一）

（撮影　本田守）

籾山八幡社の大ケヤキ（大分県）

目　次

はじめに

この本に掲載した巨木は、車でまわれるように九州本島だけに絞り、九州各県７本（福岡県のみ８本）の計50本で、１番の福岡県からスタートし、反時計回りに回ることになり、九州の主な巨木と自然を把握できるようになっています。選んだ巨木は各県を代表する知名度の高いものであり、それを取り巻く自然は、懐かしい田園、奥深い山里、または、由緒ある神社・仏閣であったり、山中の自然林であったりとバラエティに富んでいます。そこに共通するものはきれいな空気・水、そして優しい人々であり、限りないエネルギーが吸収できるパワースポットであるということです。

科学は普遍性の追究であり、多くの普遍的事実を知っている人を教養人というわけですが、現代科学が発展してきたとはいえ、生物のことをどれだけ理解できているのでしょうか。ましてや生物は100個体あれば、100個体すべてそれを構成するタンパク質は違うのです。人工的に生命の火を灯すことは未だにできていません。したがって我々は自分も含めた生命を尊重するというのであれば、１つひとつの個体を重視しなければなりません。大切なことは個性の尊重で、インパクトの強い巨木はそれを考えるきっかけを与えてくれます。巨木それぞれの個性を知ることは自分も含めた生命を尊重することに繋がります。さらに生命尊重の心だけでなく、「自分も○○な存在だなあ」と思うことができ救われた気がします。１つのストレス解消ということになるでしょうか。

まとめますと、巨樹・巨木巡りは、自然科学（普遍性）と同時に、個性尊重（個物・特殊性）を学ぶ旅でもあります。

最後に、私は高校の生物の教師を長年やってき、生物研究部顧問として植生研究を約20年間行ってきました。今回、勤務校「九州国際大学付属高等学校」の生徒さんがモデルとして参加協力してくれました。また、共著者の石井先生にとっては３冊目ということで、色々ご指導いただいたこと、出版にあたり、梓書院の藤山明子氏、鶴田純氏に協力していただき、この場を借りて御礼申し上げます。推薦の言葉を書いていただいた東矢力也先生は私の高校時代３年間担任であり、その当時から熊本県で有名な植物研究家の一人であられ、大変尊敬いたしております。さらに、植生研究の師である元横浜国立大学教授の大野啓一先生および、綾ユネスコエコパークの河野耕三先生（綾町照葉樹林文化推進専門官）にもこの場を借りて御礼申し上げます。

全国巨樹・巨木林の会 会員　本田 守

推薦の言葉

生き物すべてに寿命があります。それぞれの生物には、生まれてからずっと生き続け天寿を全うするものは、そう多くはないものです。生育する途中でいろんな理由でこの世を去るものがずっと多いものです。

人里近くに何百年も生き続けている樹木は地域の人びとに温かく見守られ、傷つけられなかったからです。その樹木には私達の祖先が大切に保存してきた気持ちが脈打っているのです。

熊本県阿蘇郡の小国町黒渕には阿弥陀杉という名木があります。樹高39m、胸高周囲11.5mで鐘形の樹形も美しく、国指定の天然記念物です。この樹は、明治25（1892）年に売却されたのですが、当時の北小国村と南小国村の財産組合が買い戻し、両村共有の宝として永久に保存することにしたのです。阿弥陀杉の買収価格は250円、土地買収価格40円、家屋立退き料50円、合計340円で当時としては大変な金額です。

私達は、巨樹・巨木の前に立つとき、その偉大さ、たくましさに圧倒されます。近寄ってその木肌に触れ、梢を見上げるとき、風雪に耐え、これからも私達よりも長く生き続けるであろうその樹木に対する敬虔な気持ちが湧いてきます。ただじっと向き合っているだけで、悠久の時の流れの中でともに生きていることをしみじみと感じます。古くから大木には木の精が宿っているから、大木を切ると祟りがあるという言い伝えを実感として感じます（熊本県自然保護読本『自然保護とあなた』より）。

今回ここに『厳選 九州の巨樹・巨木巡り 入門ガイド』が出版されることは、自然保護の立場からも非常に喜ばしいことです。執筆者のひとり本田守氏は私の教え子で、とても嬉しく思います。

各地の神社仏閣には注連縄を張って神木とされている老樹・名木があります。それらの多くは、ここに上げたような巨樹・巨木になっていないものが多いわけですが、次の出番を待っている樹木たちです。これらを大切に保存することが重要です。

九州の旅のお供に、パワースポットを訪ねて大いに利用していただければと思い推薦いたします。

平成27年10月吉日

熊本記念植物採集会会長　東矢力也

巨樹・巨木について

巨木については1991年の環境庁の全国調査が火をつけ、全国的に興味・関心を示す人が増え、次から次に本が出版されるようになった。

その中でもバイブルといえる本は渡辺典博著『巨樹･巨木』、『続　巨樹･巨木』（山と渓谷社）である。本書でも大いに参考にさせていただいた。

巨木の定義は地上1.3m、胸高周囲３m以上となっている。

ただ、巨木には胸高周囲の他に、樹高、樹勢、樹齢、直感など様々な見方がある。その中でも比較的測りやすい胸高周囲にしぼって全国統計がなされた。

樹種によっては胸高周囲が小さくても巨木としての価値があるものが多数ある。しかし、この統計によって全国的状況が把握されるようになった。

巨木は、神社・仏閣・国有林・深山幽谷・個人邸その他に存在する。その中でも神社・仏閣の占める割合が約６割である。ちなみに、福岡県に在る神社・仏閣の数は京都・奈良に次いで３番目に多いそうだ。

巨樹・巨木が存在するのは大きく２つの条件による。１つはその樹種が自然環境条件に合ったということ、もう１つは何らかの理由で人間が保護をしているということである。

巨木を見るときは周りの自然環境を一緒に見る必要がある。

巨木が保護された理由は樹木に霊的なものを感じ、畏敬の念を感じ、その生命力を感じ、歴史を感じ、神を感じたからであろう。

巨木を見ていると心が癒され、心が豊かになるように思える。

そして巨木はその場所から動かずに過去何千年と生き、またこれからも何百年何千年も生きていくのだろう。

以前、テレビ番組で「自然(しぜん)というのは対象化した見方と、見ている本人も一体となった見方がある」といっていた。日本人の感覚は江戸時代以前は後者であり、それを自然(じねん)といった。

巨木の存在する場所はパワースポットにあたる所が多い。

人は巨木と周囲の自然から元気をもらうのだろう。

巨木は多くの人に健康と幸せを与えるのだろう。

多くの人に巨木を見て感じてもらいたい。

最後に、地球上の生物で、最大・最長寿は巨樹である。（石井）

巨樹・巨木の定義と測定法

昔から、図抜けて背の高い木や太い木を巨樹や巨木、大樹、大木と呼んでいたが、巨木についての明確な定義はなかった。しかし環境庁が全国の巨樹・巨木林調査を行うにあたって統一した基準を定めたため、現在ではこれが一般的になっている。環境庁発行の『日本の巨樹・巨木林』によると以下のとおりである。

■巨木の測定（胸高周囲）

平　面（図１）　地上から 130㎝の位置での胸高周囲を測定する。
斜　面（図２）　斜面に生育している場合には、山側の地上から 130㎝の位置で測定する。
株立ち（図３）　地上から 130㎝の位置において、幹が複数に分かれている場合には、個々の幹の胸高周囲を測定し、それぞれを合計する。
根上がり（図４）　根の上部から 130㎝の位置での胸高周囲を測定する。

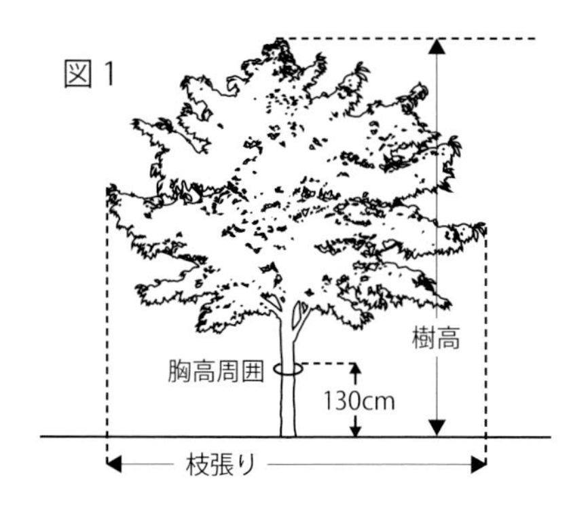

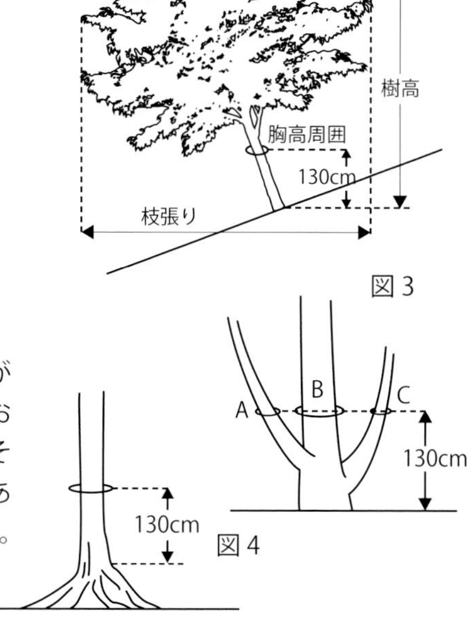

■巨木の定義

地上約 130㎝の位置での胸高周囲が 300㎝以上の木。地上 130㎝の位置において幹が複数に分かれている場合は、それぞれの胸高周囲の合計が 300㎝以上あり、主幹の胸高周囲が 200㎝以上のもの。

本書の見方

天然記念物等の
指定がある場合に記載

P87～
「樹種について」を
参照（該当樹種の
ページ数を表示）

29 蒲生（かもう）の大クス　姶良郡蒲生町

樹種：クスノキ（P87）　国指定特別天然記念物

姶良インターから車で約10分の蒲生八幡神社の境内に悠然とそびえている。1991年の環境庁の調査報告「巨樹・巨木林」で日本一が胸高周囲の数値で示されて以来、すべての巨木の中で不動の１位である。

根回りは35mもあり、主幹の西側に直径５mもの空洞があり、日頃は鍵がかかって入れないが、数年前に巨樹・巨木林の全国大会がここで行われた時になかに入ることが出来た。国指定の特別天然記念物である。樹の周りには、遊歩道が巡らしてあり、大切に保護されている。毎年11月第３日曜には、「日本一大楠どんと秋まつり」が開催されている。（石井）

推定樹齢：1500年
樹　　高：30m
胸高周囲：24.2m
所 在 地：姶良郡蒲生町
　　　　　上久徳2259
北　　緯：31°45′56.23″
東　　経：130°34′10.05″
海　　抜：約23m
撮 影 日：2014.11.24
写　　真：本田・石井

54

所在地：看板・掲示板等、参考資料を基に作成
北緯・東経：誤差範囲±約５m
海抜：GPS（ガーミン map60CSx）のデータをカシミール3D（インターネット地図）に移し、等高線から読み取ったものを記載

※本書では“幹回り”を“胸高周囲”で統一しました。
※地図はＪＲ駅・高速ＩＣ、その他国道・県道を中心に作成しました。
※所在地はなるべく詳細に記載しています。カーナビ等、道案内に御利用ください。
※本書の解説は道案内を中心に、巨樹・巨木の印象、それにまつわる歴史・由緒を記載しております。

九州の県の木（県の花）

福岡県：ツツジ

佐賀県：クスノキ

大分県：ブンゴウメ

長崎県：ヒノキ

宮崎県：フェニックス、
スギ

熊本県：クスノキ

鹿児島県：クスノキ、
カイコウズ

県の花	
福 岡 県	ウメ
佐 賀 県	クスノキ
長 崎 県	ウンゼンツツジ
熊 本 県	リンドウ
鹿児島県	ミヤマキリシマ
宮 崎 県	ハマユウ
大 分 県	ブンゴウメ

九州の地図

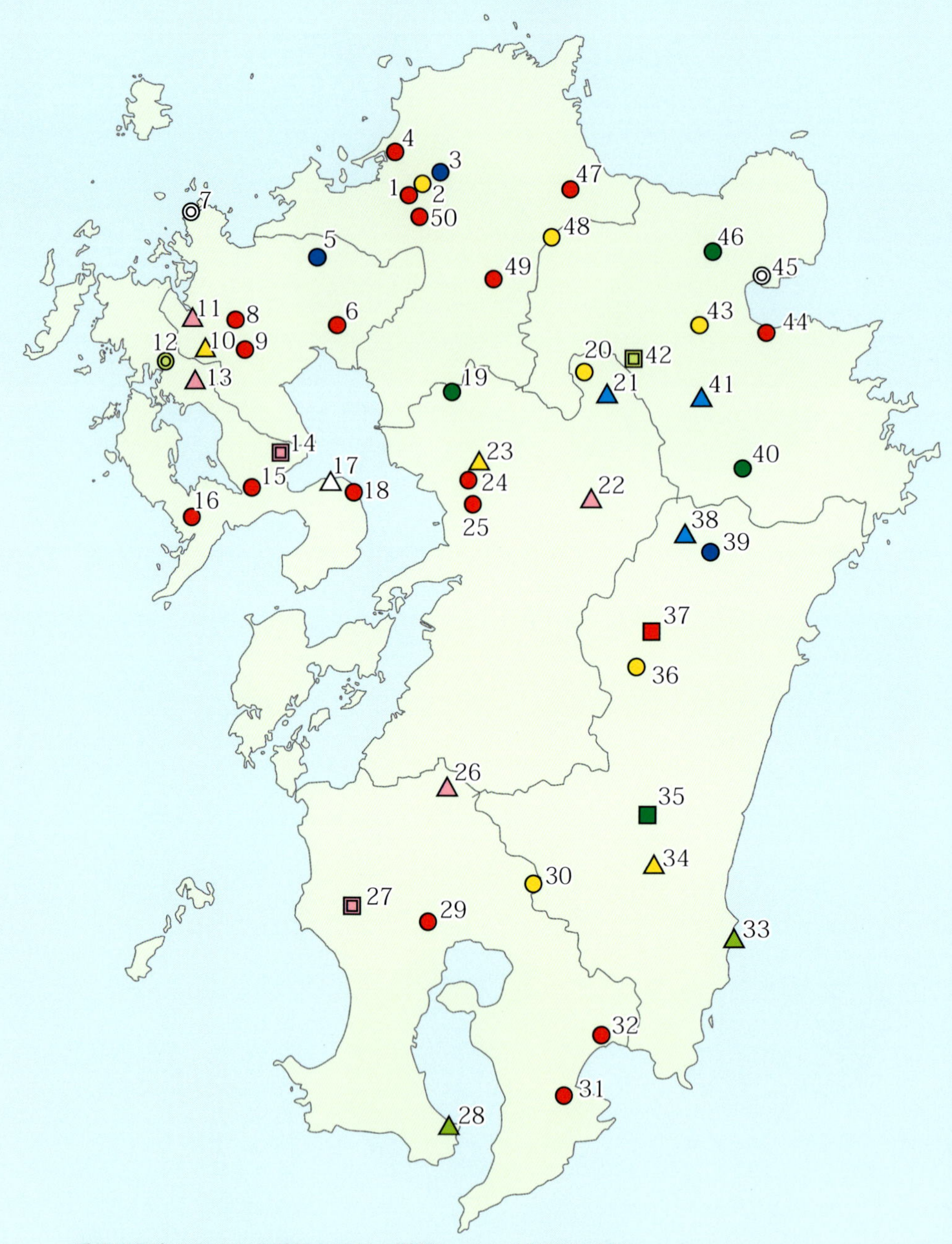

番号は目次のタイトル番号と同じ。樹種については以下の通り。

●クスノキ、○スギ、●カツラ、◎ソテツ、▲イチョウ、▲サクラ、◎フジ、▣オガタマノキ、

△ヒイラギ、●イチイガシ、▲ケヤキ、▲アコウ、■ホルトノキ、■ヒノキ、▣カヤ

厳選 九州の巨樹・巨木巡り

❶ 宇美八幡宮のクス　糟屋郡宇美町

樹種：クスノキ（P87）　国指定天然記念物

（撮影　本田守）

福岡ＩＣから県道35号線の古賀二日市線を太宰府方面に行くと宇美町の中心部分に宇美八幡宮がある。石段をのぼり鳥居をくぐると、約25本のクスノキに囲まれた社殿がある。この社殿全体を「蚊田の森」という。社殿右側には国指定天然記念物の１本である「湯蓋の森」と名付けられたクスノキの大木がある。四方に枝を大きくのばし、幹の下部は大きくしっかりしている。若々しく、樹勢も旺盛である。

推定樹齢は約1000年。この樹の下で神功皇后が産湯を使い、その上がクスノキに覆われたので「湯蓋」の名が付けられたと伝えられる。

また、社殿の左側には、こちらも国指定天然記念物「衣掛の森」がある。途中で枝が折れているが、こぶがあり、老樹の貫禄がある。まだまだ枝を伸ばし、樹勢も旺盛だ。筆者はこのクスノキが一番古いと考えるが、掲示板によると樹齢は約1000年となっている。神功皇后が応神天皇の産湯を使う際に衣をかけたところからその名がついたといわれる。

七五三の時期には駐車場が満車になる。（石井）

推定樹齢：1000年
樹　　高：30m
胸高周囲：15.7m
所 在 地：糟屋郡宇美町
　　　　　宇美1-1-1
　　　　　宇美八幡宮
北　　緯：33°34′12.89″
東　　経：130°30′31.86″
海　　抜：約36m
撮 影 日：2011.02.01

❷ 若杉山（わかすぎやま）の大和（やまと）の大スギ　糟屋郡篠栗町

樹種：スギ（P88）　指定なし

（本田守）

高速道路の福岡ＩＣを降りて、国道201号線を八木山に向かい10分ほど行くと、若杉山登山口の標識がある。その標識を右手に、山を登っていく。約10分で、神社の横に着く。大きな看板の説明書きの前を300m過ぎていくと「若杉楽園キャンプ場」があり、無料の大きな駐車場がある。そこから徒歩５分ほどで若杉山の巨木をめぐる看板が見えてくる。その看板には巨木をめぐる２コースが示されている。１つは「綾スギ」、「七又スギ」を通り「大和の大スギ」への直行コースで片道約30分ほど。もう１つは、巨木５本すべて周るコースで、約90分ほど要する。

こちらのコースで見れる「トウダの二又スギ」も巨木で、とくに「ジャレスギ」は見ものだ。推定樹齢は約1000年。しかも途中で樹齢30年ほどの立派なヤマザクラが着生している。後ろに廻ると大きな根が地上へと伸びている。最後の「大和の大スギ」はさらに雄大な姿をしている。胸高周囲16.15mで屋久島の縄文杉とほぼ同じ大きさである。将来日本一のスギになるようにと「大和の大スギ」と命名された。（石井）

推定樹齢：不明
樹高：40m
胸高周囲：16.15m
所在地：糟屋郡篠栗町若杉　大和の森
北緯：33°36′00.43″
東経：130°32′27.66″
海抜：約510m
撮影日：2013.04.13

③ 鎮西村(ちんぜいむら)のカツラ　飯塚市

樹種：カツラ（P87）　国指定天然記念物

（平野眞弓）

（本田守）

福岡市から国道201号線を通り、飯塚市へ向かう。八木山峠を超え、約10分のところに蓮台寺の四つ角がある。そこを建花寺の方へ向かうと、5分ほど行った田んぼの中の四つ角の真ん中に小さな看板があり、そこを左折し車で5分ほど行くと小さな指示板があり、小さな川を渡ると2～3台車の停められるスペースがある。そこから歩いて約20分の谷あいの奥に立っているのがカツラの木で国内で最初に指定された国指定天然記念物であり、日本有数のカツラの巨樹である。地元ではご神木として保護されている。主幹は古く痕跡を残すのみだが、根本から多数のひこばえが出ており、現在は9本の支幹が大きく成長している。落葉樹で、秋には黄色く色づき葉を落とす。ここを訪れる際は、登山靴か運動靴がおすすめである。（石井）

推定樹齢：1000年
樹　　高：30m
胸高周囲：13m
所 在 地：飯塚市建花寺1580-1
北　　緯：33°39′22.21″
東　　経：130°37′17.48″
海　　抜：約266m
撮 影 日：2013.09.26

④ 立花山のクスノキ原始林　福岡市、糟屋郡新宮町・久山町

樹種：クスノキ（P87）　国指定天然記念物

推定樹齢：300年以上
樹　　高：30m以上
胸高周囲：7.85m
所 在 地：福岡市東区、糟屋郡新宮町・久山町
北　　緯：33°40′48.39″
東　　経：130°28′16.40″
海　　抜：約251m
撮 影 日：2015.12.17
※データは最大の立花山の大クス

（本田守）

立花山は新宮町と久山町と福岡市にまたがる山である。クスノキ原始林は中腹で東南の方向に広がっている。

行き方は４コースが考えられる。１つ目は梅岳寺近くの駐車場に停めて直接立花山に登っていくコース。２つ目は下原のバス停から登り、立花山と三日月山の中間に出るコース。３つ目は久山町の大谷というところから、一旦三日月山に登って立花山の方へ行くコース。４つ目は福岡市の三日月山霊園の駐車場（約80台駐車可能）から登っていくコースである。

立花山の東側の中腹２㎞が見ものである。樹齢300年以上のクスノキの巨木が約600本ほど集まっている。一番大きなクスノキは樹齢400年ほどではないだろうか。そのクスノキの裏はカゴノキを抱き込んだようになっている。

体力に余裕のある人は立花山（367m）、三日月山（272m）の山頂に行くと天気のいい時は博多湾を見渡せ眺めも良い。おすすめである。（石井）

⑤ 下合瀬の大カツラ　佐賀市

（しもおおせ）

樹種：カツラ（P87）　国指定天然記念物

（本田守）

（石井静也）

佐賀市内から車で50分ほどの、脊振北山県立自然公園内にある。樹齢1000年と推定される全国でもトップクラスのカツラで、根本からひこばえが20～30本ほど群生している。樹勢も旺盛で、樹高は34mにも及び、近寄りがたい雰囲気をかもしだしている。以前は、山の神のご神体としてしめ縄が張られていたが、現在は、少し離れて遊歩道が設けられ、大切に保護されている。

（石井）

推定樹齢	1000年
樹　　高	34m
胸高周囲	13.8m
所 在 地	佐賀市富士町下合瀬
北　　緯	33°26′36.34″
東　　経	130°15′37.13″
海　　抜	約409m
撮 影 日	2008.03.10

❻ 与賀（よか）神社のクス　佐賀市

樹種：クスノキ（P87）　県指定天然記念物

（石井静也）

（石井静也）

佐賀市内の中心部にある。与賀神社の境内には、胸高周囲６ｍ超の大クスが３本あり、なかでも本殿向かって左にある１本がひときわ大きく、県指定の天然記念物となっている。いずれもしめ縄が張られ、ご神木として守られている。（石井）

推定樹齢：1400年
樹　　高：20.5m
胸高周囲：9.8m
所 在 地：佐賀市与賀町2-50
　　　　　与賀神社
北　　緯：33° 14′ 55.36″
東　　経：130° 17′ 41.55″
海　　抜：約４m
撮 影 日：2013.12.08

❼ 広沢寺（こうたくじ）のソテツ　唐津市

樹種：ソテツ（P88）　国指定天然記念物

（本田守）

推定樹齢：400年
樹　　高：3.3m
胸高周囲：2.9m
所 在 地：唐津市鎮西町名護屋3673広沢寺
北　　緯：33° 31′ 51.90″
東　　経：129° 52′ 14.40″
海　　抜：約55m
撮 影 日：2015.09.13

（本田守）

長崎自動車道多久ＩＣから車で60分、名護屋城跡の一角にある。広沢寺は、秀吉が朝鮮出兵のため名護屋に赴いたおり、寵愛する側室広沢局のために建立した寺である。樹齢400年の大ソテツで、秀吉が手植えしたものと伝えられている。（石井）

❽ 川古（かわご）のクス　武雄市

樹種：クスノキ（P87）　国指定天然記念物

（本田守）

長崎自動車道武雄北方ＩＣから15分ほど。武雄市若木町にある大楠公園内にあり、高さ25m、枝張27m、樹齢3000年の、堂々としていて姿が良い威厳のある巨木である。根本に空洞があり祠がまつられている。国指定の天然記念物である。奈良時代、名僧行基が訪れ、樹に観音像を刻んだこともあるとか。公園内には、からくり人形劇が上演される為朝記念館や水車などもあった。

（石井）

推定樹齢：3000年
樹　　高：25m
胸高周囲：21m
所 在 地：武雄市若木町川古 川古の大楠公園
北　　緯：33° 15′ 06.45″
東　　経：129° 59′ 35.83″
海　　抜：約58m
撮 影 日：2008.03.10

（本田守）

❾ 武雄の大クス　武雄市

樹種：クスノキ（P87）　市指定天然記念物

（石井静也）

（石井静也）

武雄市内の武雄神社の奥にあり、ご神体となっている。神社に参拝して、看板の左奥にある歩道を約50mほど歩くと、突然そこから別世界の空気の中に、荘厳なたたずまいで堂々とした姿があらわれる。屋久島の縄文杉を思わせる風格である。ごつごつした根本には、広さ12畳ほどの空洞があり、天神様がまつられている。（石井）

推定樹齢：3000年
樹　　高：30m
胸高周囲：20m
所 在 地：武雄市武雄町武雄　武雄神社
北　　緯：33° 11′ 15.19″
東　　経：130° 01′ 09.54″
海　　抜：約51m
撮 影 日：2013.07.27

10 有田の大イチョウ　西松浦郡有田町

樹種：イチョウ（P89）　国指定天然記念物

ＪＲ佐世保線の上有田駅から徒歩で約10分。様々な窯元が並ぶ町並みの中に数台停められる駐車場がある。車を停めてそこから路地に入って行くと、小さな弁財天神社の前の広場に高さ40ｍのイチョウの巨木がすくっと立っている。樹齢約850年、イチョウは害虫や火に強いことで有名である。昔、大火の際、このイチョウ下にあった窯元は無事であったそうだ。（石井）

（石井静也）

（石井静也）

推定樹齢：850年
樹　　高：40m
胸高周囲：9.3m
所 在 地：西松浦郡有田町泉山1-14-22
北　　緯：33° 11′ 32.98″
東　　経：129° 54′ 18.76″
海　　抜：約94m
撮 影 日：2014.11.10

ひがしやましろ　みょうじょうざくら
11 東山代の明星桜　伊万里市

樹種：エドヒガン（P89）　県指定天然記念物

（石井静也）

明星桜は、伊万里市街から少し外れた浦川内集落の観音堂の前に立っている。桜の咲く頃は周囲の田んぼに菜の花も咲いている。

エドヒガンは通常のソメイヨシノより１週間程早咲きの桜で、県内では有数の古木である。夜に火を焚きながら眺めると、花びらが炎に照らされてあたかも明星のように輝いて春の夜空を彩ることから、明星桜と名付けられたという。（石井）

（石井静也）

推定樹齢：800年
樹　　高：13m
胸高周囲：2m
所 在 地：伊万里市東山代町浦川内5453
北　　緯：33°16′31.64″
東　　経：129°49′57.13″
海　　抜：約43m
撮 影 日：2014.03.30

東山代の明星桜
〒東山代郵便局
東山代
204
松浦西九州線

⑫ 藤山神社の大フジ　佐世保市

樹種：フジ・ヤマフジ（P90）　県指定天然記念物

（大和英一）

（大和英一）

西九州自動車道の佐世保みなとＩＣから車で20分ほどでＪＲ佐世保駅に着く。それから山手に10分ほど行くと藤山神社に着く。鳥居の前と奥に数台停められる駐車場がある。鳥居の向こうに藤棚があり、藤棚をくぐり抜けると塀の前に樹齢800年、樹高15ｍのオガタマノキがあり、その木にまっすぐに樹齢約700年のフジがまきついて樹冠まで伸びている。九州最大のフジであり、上に伸びているのはめずらしい。

境内に数本のフジがあり、山フジ、野田フジとある。ちなみに藤山神社が創建された1673年（寛文13）、森を伐採して開いたときに、オガタマノキと山フジを残したと伝えられている。（石井）

推定樹齢	700年
樹　　高	15m
胸高周囲	1.5m
所 在 地	佐世保市小舟町 藤山神社
北　　緯	33° 12′ 29.14″
東　　経	129° 45′ 29.00″
海　　抜	約126m
撮 影 日	2010.05.03

⑬ 田の頭のシダレザクラ　東彼杵郡波佐見町

樹種：シダレザクラ（P91）　個人所有

（本田守）

（本田守）

推定樹齢	：150年
樹　　高	：10m
胸高周囲	：不明
所 在 地	：東彼杵郡波佐見町 田の頭郷1689
北　　緯	：33°07′52.41″
東　　経	：129°53′32.73″
海　　抜	：約52m
撮 影 日	：2014.03.30

佐賀県に近い長崎県の波佐見町にある。波佐見有田ＩＣから車で約20分のところにある。私の気に入っている磁器の波佐見焼の一誠窯があり、その近くにある。きれいなシダレザクラで姿が良い。樹齢150年とあるがサクラは200年くらいでかなり大きな巨木になる。

波佐見焼は桃山時代に始まったとされ、古い歴史を持つ。（石井）

小長井（こながい）のオガタマノキ　諫早市

樹種：オガタマノキ（P91）　国指定天然記念物

（本田守）

長崎自動車道諫早ＩＣから34号線を佐賀方面へ、207号に入りＪＲ長里駅方面へ向かう。長里簡易郵便局から左折すると、案内の看板があり、道なりに看板に沿っていくと10分ほどでたどり着く。樹齢1000年と言われる日本一のオガタマノキである。大きく道におおいかぶさるように、幾つにも分かれた太い幹を広げている。こんな大きなオガタマノキは見たことがない。樹勢も力強く、圧倒される。早春には白い花を咲かせるという。一度見てみたいものである。

（石井）

推定樹齢：1000年
樹　　高：20m
胸高周囲：9.1m
所 在 地：諫早市小長井町川内
北　　緯：32°55′56.65″
東　　経：130°09′09.10″
海　　抜：約59m
撮 影 日：2015.03.30

（本田守）

15 諫早公園のクス　諫早市

樹種：クスノキ（P87）　県指定天然記念物

（大和英一）

（平野眞弓）

ＪＲ長崎本線諫早駅から徒歩10分のところにある諫早神社には、県指定のクスノキが６本ある。その横に立派な諫早公園があり、駐車場もある。石の眼鏡橋がある。それをみながら小高いところを登っていく。約15分歩くと丘の上に着く。その中央に堂々とした姿の良い大クスがどんと立っている。見事な大クスである。（石井）

推定樹齢：不明
樹　　高：25m
胸高周囲：7.8m
所 在 地：諫早市高城町
　　　　　諫早公園内
北　　緯：32°50′43.09″
東　　経：130°02′51.65″
海　　抜：約18m
撮 影 日：2015.03.11

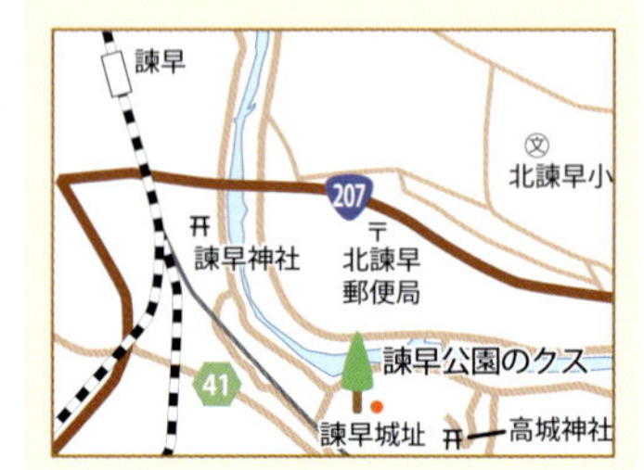

16 山王神社のクス　長崎市

（さんのう）

樹種：クスノキ（P87）　市指定天然記念物

（大和英一）

（大和英一）

推定樹齢：500年
樹　　高：10m
胸高周囲：8.2m
所 在 地：長崎市坂本町
　　　　　2-6-56
北　　緯：32° 46′ 03.20″
東　　経：129° 52′ 09.29″
海　　抜：約37m
撮 影 日：2010.05.02

長崎市内、ＪＲ浦上駅から徒歩約10分、車で行くと道路沿いに小さな有料パーキングがある。そこで車を停めて数百m歩く。途中に原爆で１本足になった有名な「片足鳥居」がある。さらに進むと山王神社の正面に左右に堂々とした大きなクスノキが２本ある。平和を祈る千羽鶴がたくさんかけられているのが印象的である。多くの人がこの苗をいただき、平和を願って県外にも植えられている。（石井）

ちょうえいじ

17 長栄寺のヒイラギ　雲仙市

樹種：ヒイラギ（P92）　県指定天然記念物

（本田守）

（平野眞弓）

島原鉄道神代駅から南へ歩いて10分ほどの長栄寺の境内にある。11月になると白く小さな花を咲かせ、香りを楽しませてくれる。モクセイ科の常緑樹で、一般的には庭の垣根などに使われることが多く、葉の先が刺となっているが、老樹になると次第に丸くなってくるそうだ。これほどの大木になるとは、どのくらいの年月がたったのであろう。（石井）

推定樹齢：不明
樹　　高：13.1m
胸高周囲：3.5m
所 在 地：雲仙市国見町
　　　　　神代下古賀丙548
　　　　　長栄寺
北　　緯：32° 51′ 53.04″
東　　経：130° 16′ 00.48″
海　　抜：約14m
撮 影 日：2015.03.11

18 松崎の大クス　島原市

樹種：クスノキ（P87）　県指定天然記念物

（本田守）

（本田守）

島原鉄道松尾町駅から国道251号線を渡って行くと「有明の大くす」と書かれた案内看板があり、それに沿って200mほど行くと森本宅の裏庭にそびえ立っている。

訪ねた際にちょうど家の主人がおり、案内をしてくれた。クスノキが屋敷全体を覆っていて、民家内でこのような大木になるとは驚きである。昭和33年に「有明町の大楠」として県の天然記念物に指定された県下一の大クスである。（石井）

推定樹齢：1000年
樹　　高：31m
胸高周囲：13m
所 在 地：島原市有明町大三東甲2114
北　　緯：32° 49′ 59.58″
東　　経：130° 20′ 41.73″
海　　抜：約11m
撮 影 日：2014.11.24

19 上十町のイチイガシ　玉名郡和水町

かみじゅっちょう

樹種：イチイガシ（P93）　県指定天然記念物

九州自動車道南関ＩＣより国道443号線を山鹿方面へ約８㎞行くと、県道６号線との交差点がある。そこを左折して北に行ったところにある。熊本県最大のイチイガシで全国では第２位である。太い幹がスギのようにまっすぐ伸びていて、枝は上方にあり東西33m、南北30mもある。昭和10年頃の台風で、見事な大枝が折れたことがあった。戦前までは社叢にシイ・カシの林が大きく茂っていたそうで、それに守られて育った。猿懸熊野座神社内にあり熊野三社宮をこの地に招いたころよりある。地元では、「上十町権現」の御神木として、人々の崇敬を集めている。根元の空洞には大黒様と恵比寿様が祀られている。

（本田）

推定樹齢：800年
樹　　高：25m
胸高周囲：8.5m
所 在 地：玉名郡和水町
　　　　　上十町猿懸
北　　緯：33° 06′ 05.90″
東　　経：130° 38′ 37.29″
海　　抜：約81m
撮 影 日：2014.12.20

（本田守）

20 阿弥陀杉（あみだすぎ）　阿蘇郡小国町

樹種：スギ（P88）　国指定天然記念物

（本田守）

大分自動車道日田ＩＣから国道212号を小国町方面に約37㎞行くと、国道387号との交差点がある。その交差点を右折し約3.6㎞先のグリーンロードとの交差点を右折、さらに700m先で右折するとすぐ右手に阿弥陀杉が巨大な姿を現す。熊本県最大級の杉である。以前、この木が人手にわたって伐採されようとしたとき、小国の人々が義金を募って買い戻したという話である。現在、小国郷のシンボルになっている。元々、杉にしては珍しい卵形の樹冠であったが、平成９年の台風で半壊してしまった。しかし、その姿が自然の風雪に耐えてしぶとく生きている強さを感じさせる。また、38mの樹高からくる迫力に思わず両手を合わせたくなる。（本田）

（本田守）

推定樹齢	1300年
樹高	38m
胸高周囲	11.6m
所在地	阿蘇郡小国町黒渕本村
北緯	33° 07′ 47.51″
東経	131° 01′ 21.96″
海抜	約130m
撮影日	2015.01.10

㉑ 竹の熊の大ケヤキ　阿蘇郡南小国町

樹種：ケヤキ（P94）　国指定天然記念物

（平野眞弓）

（本田守）

推定樹齢：1000年
樹　　高：30m
胸高周囲：11.6m
所 在 地：阿蘇郡南小国町
　　　　　赤馬場竹の熊
北　　緯：32° 05′ 27.04″
東　　経：131° 04′ 33.89″
海　　抜：約476m
撮 影 日：2014.09.07

大分自動車道日田ＩＣから国道212号に入り、県道40号を満願寺方面に約1.4km進み、右折して橋を渡って、突き当りを左折するとすぐ右手に菅原神社（竹の熊の天満宮）がある。境内の向かって一番左奥に竹の熊の大ケヤキがある。

九州第１位のケヤキで高さ30mもあり、樹形や長い年月を感じさせる。幹は巨大で人を圧倒するような迫力がある。戦後の台風で地上７m付近で片方の大枝が折れており、全体的にスリムな印象がある。ケヤキは普通、巨木になると幹にこぶ状のものが出てくるそうだが、このケヤキには見られない。苔も生えており、空気が綺麗で土壌も豊かなのが分かる。地域の人々に崇められており、８月の祭りでは重要な役割を担っている。この素晴らしい関係がいつまでも続くことを願わずにいられない。（本田）

22 一心行（いっしんぎょう）の大桜　阿蘇郡南阿蘇村

樹種：ヤマザクラ（P93）　個人所有

（本田守）

（本田守）

九州自動車道熊本ＩＣから国道57号を阿蘇山方面に約20㎞進み、阿蘇大橋のＴ字路を右折し、県道325号を約10㎞進むと右手に案内板があるので右折すればすぐ到着する。または、南阿蘇鉄道「中松駅」から徒歩15分。樹形はドーム型をしている。背景に阿蘇の根子岳・高岳などの内輪山があるのが素晴らしい。幹はいくつかに分かれているがずっしりとした重みを感じさせる太さである。この木はヤマザクラなのでソメイヨシノより長寿で開花の時期が１～２週間ほど早いが、高台にあるため少し遅れる。花とともに赤茶けた若葉がでる。（本田）

推定樹齢：400年
樹　　高：16m
胸高周囲：６m
所 在 地：阿蘇郡南阿蘇村中松3226-1
北　　緯：32°50′08.32″
東　　経：131°03′03.20″
海　　抜：約447m
撮 影 日：2015.04.07

㉓ 滴水（たるみず）のイチョウ　熊本市

樹種：イチョウ（P89）　県指定天然記念物

（本田守）

ＪＲ植木駅から約２㎞の所。車では九州自動車道植木ＩＣから国道３号線を熊本市方面に南下し、舞尾交差点を右折し国道208号線を約600m進み、植木変電所のところで左折。約400m先の鹿南中学校を左折し道なりに約800m行くと、滴水公民館があり、その正面に大きくそびえており、龍雲庵という寺跡にある。

昔、門三郎という若者がこの木を切り、薪にしようと考えたところ夢枕に美女が立ち、切らないでほしいと頼んだ。この美女はこの木に住む白蛇の化身であったという伝説が残されているだけに、滴水のイチョウも凛とした中にもどこか妖艶な雰囲気を醸し出している。（本田）

推定樹齢：500年
樹　　高：35m
胸高周囲：12.5m
所 在 地：熊本市北区植木町滴水東屋敷
北　　緯：32°53′36.60″
東　　経：130°41′38.03″
海　　抜：約92m
撮 影 日：2014.11.24

24 寂心(じゃくしん)さんのクス　熊本市

樹種：クスノキ（P87）　県指定天然記念物

（平野眞弓）

（平野眞弓）

ＪＲ植木駅から国道101号線を南へ約２㎞行くと、北迫町の畑の中に寂心緑地がある。そこに１本で森のように見える木がある。あまりの大きさに驚くだけでなく、遠くから見ると樹形がドーム形で大変美しく思わずあっと息をのむ。樹勢、枝張もよく東西に約47m、南北に約49mある。日本の代表的なクスノキ。名前の由来は、熊本城のもとになった隈本城を築いた鹿子木(かのこぎ)親員(ちかかず)入道寂心が植樹して、そこに「寂心」の墓があることによる。（本田）

推定樹齢：800年
樹　　高：29m
胸高周囲：13.3m
所 在 地：熊本市北区北迫町618
北　　緯：32°52′18.93″
東　　経：130°41′06.93″
海　　抜：約76m
撮 影 日：2015.03.11

25 藤崎台（ふじさきだい）のクスノキ群　熊本市

樹種：クスノキ（P87）　国指定天然記念物

（本田守）

（平野眞弓）

ＪＲ熊本駅から市電で蔚山町下車、徒歩10分、藤崎台球場にある。もとは藤崎八幡宮の社叢林であったものが、現在は野球場になり、クスノキ群は保護柵で囲まれて残っている。国指定天然記念物であり、どのクスノキも樹勢が強く、７本で十分な森を形成している。案内板によると大きなものは胸高周囲20m、高さ22mで、小さなもでも胸高周囲７m、高さ20mとある。西南の役で社殿は消失、以後軍用地となり、昭和35年に現在の県営野球場となった。（本田）

推定樹齢：800年
樹　　高：22m
胸高周囲：20m
所 在 地：熊本市中央区宮内2
北　　緯：32°48′21.79″
東　　経：130°41′50.93″
海　　抜：約21m
撮 影 日：2014.09.07
※データは７本の内最大のもの

26 奥十曽（おくじゅっそ）のエドヒガン　伊佐市

樹種：エドヒガン（P89）　市指定天然記念物

推定樹齢：600年
樹　　高：28m
胸高周囲：10.8m
所 在 地：伊佐市大口
　　　　　小木原十曽
　　　　　国有林内
北　　緯：32°07′09.55″
東　　経：130°38′11.86″
海　　抜：約590m
撮 影 日：2014.04.19

九州自動車道栗野ＩＣから車で約１時間、山あいの狭い林道を登って行くと数台停められる駐車場がある。山の斜面をつかんだ大きな根本が見える。根上りした上に天に向かって壮大に伸びている。サクラの木の中では文句なしの全国最大級の老木巨樹である。落葉樹ではあるが、ここは海抜が高く鹿児島では寒いと考えられる。

推定樹齢600年で見応えがある。（石井）

27 永利(ながとし)のオガタマノキ　薩摩川内市

樹種：オガタマノキ（P91）　国指定天然記念物

ＪＲ鹿児島本線川内駅から車で東へ５分の石神神社の境内に立っている。

主幹の上部に伸びる大枝は、残念ながら折れている。長崎県の「小長井のオガタマノキ」と、この木のみが国の天然記念物に指定され大切にされている。

オガタマは、「招魂」（招霊）とも書かれ、神社にゆかりの深い樹木で、玉串として用いられるなど神事に欠かせないものとされてきた。

（石井）

推定樹齢：800年
樹　　高：20m
胸高周囲：8.4m
所 在 地：薩摩川内市永利町石神106-1 石神神社
北　　緯：31° 48′ 25.63″
東　　経：130° 19′ 45.37″
海　　抜：約８m
撮 影 日：2014.11.24

（本田守）

（本田守）

28 報国神社（信楽寺）のアコウ　指宿市

樹種：アコウ（P94）　指定なし

（本田守）

（本田守）

推定樹齢：300年以上
樹　　高：22m
胸高周囲：14.6m
所 在 地：指宿市西方宮ヶ浜
北　　緯：31°16′29.61″
東　　経：130°37′16.10″
海　　抜：約5m
撮 影 日：2014.11.24

ＪＲ指宿枕崎線宮ヶ浜駅近くの信楽寺墓地内にある。

着生植物を多く付け、主幹はゴツゴツして無数の気根を垂らし、木と木がからみあっている。アコウは「しめ殺しの木」とも言われていて、この樹もいくつもの木を抱え込んでいるような迫力である。現在、全国１位のアコウの木と認められている。

アコウは温かいところでしか生育せず、紀州南部が北限とされている。色濃く緑が茂ったアコウは、遠くから見てもよく目立ったので、昔は航行の目安となっていたようだ。（石井）

29 蒲生(かもう)の大クス　姶良市

樹種：クスノキ（P87）　国指定特別天然記念物

（本田守）

姶良ＩＣから車で約10分の蒲生八幡神社の境内に悠然とそびえている。1991年の環境庁の調査報告『巨樹・巨木林』で日本一の胸高周囲が数値で示されて以来、すべての巨木の中で不動の１位である。

根回りは35mもある。主幹の西側に直径５ｍもの空洞があり、日頃は鍵がかかって入れないが、数年前に巨樹・巨木林の全国大会がここで行われた時になかに入ることができた。国指定の特別天然記念物である。樹の周りには、遊歩道が巡らしてあり、大切に保護されている。毎年11月第３日曜には、「日本一大楠どんと秋まつり」が開催されている。（石井）

（石井静也）

推定樹齢：1500年
樹　　高：30m
胸高周囲：24.2m
所 在 地：姶良市蒲生町上久徳2259-1 蒲生八幡神社
北　　緯：31° 45′ 56.23″
東　　経：130° 34′ 10.05″
海　　抜：約23m
撮 影 日：2013.09.11

蒲生の大クス　⛩蒲生八幡神社　40　42　57　姶良

30 霧島メアサ　霧島市

樹種：スギ（P88）　指定なし

（本田守）

（本田守）

推定樹齢：800年
樹　　高：35m
胸高周囲：7.3m
所 在 地：霧島市霧島田口
　　　　　霧島神宮
北　　緯：31°51′30.29″
東　　経：130°52′16.49″
海　　抜：約458m
撮 影 日：2015.01.10

九州自動車道から県道223号線を通っていくか、ＪＲ日豊本線霧島神宮駅から県道60号線を通って行くかの二通り。付近には霧島神宮の案内看板が各所にある。駐車場は広く、数百台停められるのではないかと思われる。

霧島神宮全体を表す看板があるので、それを参考に神宮に向かうと、神殿に向かって右側に悠然とそびえ立っている。その風格に圧倒される。

霧島神宮のご神木で、「霧島スギ」とも言われ、南九州全体のスギの祖先にあたるとされている。この大スギは、1484年に霧島神宮が現在地に再興される前から既にあったとされている。（石井）

31 塚崎(つかざき)の大クス　肝属郡肝付町

樹種：クスノキ（P87）　国指定天然記念物

（本田守）

東九州自動車道終点まで進み、国道220号線に入り、笠野交差点を志布志方面へ向かうと、20分ほどで到着する。大塚神社は、140基もの古墳が点在する唐仁古墳群の最大の1号墳（大塚古墳）の頂きにあり、大クスは円墳の上にどっかりと生えており、荘厳である。樹には、オオタニワタリをはじめ、50種類もの植物が着生していて森のようで、九州でも有数の巨樹の一つである。大塚神社は、島津初代藩主忠久公の折、島津家の守護神として創建されたもので、この古墳をご神体としている。

（石井）

推定樹齢：1300年
樹　　高：25m
胸高周囲：14m
所 在 地：肝属郡肝付町野崎2243
北　　緯：31° 20′ 20.90″
東　　経：130° 58′ 16.45″
海　　抜：約15m
撮 影 日：2014.03.22

32 志布志（しぶし）の大クス　志布志市

樹種：クスノキ（P87）　国指定天然記念物

（本田守）

（本田守）

ＪＲ日豊線志布志駅から車で10分ほどで、山宮神社境内の鳥居の右側に大クスが見えてくる。雄大で、堂々として、根周りが32mを超え、境内からはみ出すようにひろがっている。樹上には、様々な植物が着生し、風格が感じられる。国の天然記念物とされている。山宮神社は、奈良時代の創建で、この大クスは、天智天皇のお手植えとの伝説もある。（石井）

推定樹齢	1200年
樹高	23.6m
胸高周囲	17.1m
所在地	志布志市 志布志町安楽 山宮神社
北緯	31° 29′ 07.27″
東経	131° 04′ 35.32″
海抜	約38m
撮影日	2014.03.22

33 内海（うちうみ）のアコウ　宮崎市

樹種：アコウ（P94）　国指定天然記念物

（本田守）

（本田守）

ＪＲ日南線の小内海駅から徒歩で２分、国道220号線を150m北上すると左手に野島神社が見えてき、その境内にある。枝の広がりは東西40m。野島神社は白鬚大明神と呼ばれ、「浦島伝説」も残っている。亜熱帯性のイチジクの仲間で、太い幹や枝が縦横無尽に広がり多数の気根を出す姿はまさに熱帯ジャングルの木を連想させる。

（本田）

推定樹齢：400年
樹　　高：15m
胸高周囲：6.9m
所 在 地：宮崎市内海磯平6227　野島神社
北　　緯：31°44′18.51″
東　　経：131°28′05.74″
海　　抜：約６ｍ
撮 影 日：2014.05.06

34 去川(さるかわ)の大イチョウ　宮崎市

樹種：イチョウ（P89）　国指定天然記念物

（本田守）

推定樹齢：800年
樹　　高：41m
胸高周囲：11m
所 在 地：宮崎市高岡町内山3704-1
北　　緯：31° 54′ 50.44″
東　　経：131° 13′ 32.55″
海　　抜：約83m
撮 影 日：2014.11.16

（本田守）

ＪＲ宮崎駅から宮崎交通「雀ヶ野行」バスで55分、去川バス停下車徒歩５分。車の場合は、東九州自動車道宮崎西ＩＣから国道10号線を西へ約18km、または宮崎自動車道都城ＩＣから国道10号線を約23km北上し、去川こども村（旧宮崎市立去川小学校）の所を400ｍほど入ると、天高くそびえる去川の大イチョウが見えてくる。樹高41m、その姿は圧巻であり、太い枝が少ないのが特徴で、秋には多くの実をつける。鎌倉時代に島津藩主初代忠久公（1179～1227）が植樹したと言われている。（本田）

35 竹野のホルトノキ　東諸県郡綾町

樹種：ホルトノキ（P95）　国指定天然記念物

（本田守）

（本田守）

推定樹齢：350年
樹　　高：18m
胸高周囲：6.3m
所 在 地：東諸県郡綾町
　　　　　北俣3240
北　　緯：32°01′46.36″
東　　経：131°12′44.87″
海　　抜：約129m
撮 影 日：2014.05.06

宮崎交通「綾線」のバス停「綾待合所（綾町役場近く）」から綾北川に沿ってタクシーで北上すると約10分で到着。車の場合は、東九州自動車道宮崎西ＩＣから国道10号線を西へ約８㎞、県道358号線との交差点を右折し約7.5㎞で、突き当りを右折、約800ｍの綾町役場を左折し、県道360号線を道なりに約８㎞行くと右手に見える。ホルトノキとしてはこれが唯一の国指定天然記念物である。静岡県に日本最大のホルトノキがあるが県指定天然記念物である。街路樹のイメージが強いが、自然の照葉樹林の構成種であり、各地の社寺林などに巨木として存在する。普通、樹皮が比較的なめらかですっきりした幹であるが、このような巨木になるとそれなりに風格が出てくる。肥田木城主が息子の死後墓石の標木として植えたとされる。（本田）

36 八村杉（やむらすぎ）　東臼杵郡椎葉村

樹種：スギ（P88）　国指定天然記念物

九州自動車道御船ＩＣより国道445号線、県道218号線、国道265号線と進み、十根川バス停手前より左折し、道なりに進むと右手に十根川神社の八村杉が見えてくる。

手前に広い駐車場がある。ＪＲ日豊本線日向市駅からバスで十根川バス停へ、または椎葉村役場より車で20分で行くことができる。元久年間に源氏の武将、那須大八郎の手植えの杉と言われている。十根川神社が八村大明神と呼ばれていたためこの名前がある。高さでは国内２番目、根回りでは国内４番目で非常に巨大あるにもかかわらず、若々しく、まっすぐ、元気よく伸びている。（本田）

推定樹齢：800年
樹　　高：54.5m
胸高周囲：13.3m
所 在 地：東臼杵郡椎葉村下福良十根川十根川神社
北　　緯：32°30′41.20″
東　　経：131°11′30.86″
海　　抜：約514m
撮 影 日：2014.11.24

（本田守）

37 大久保のヒノキ　東臼杵郡椎葉村

樹種：ヒノキ（P96）　国指定天然記念物

このヒノキは標高700 mの山腹にある大久保集落の奥に生育している。八村杉のある十根川神社の前の道を、車で東へ10分、道なりに進むとヒノキに近い駐車場があり、そこから歩いて数分のところにある。さすがは日本一のヒノキであり、枝は東西約32m、南北約30mの広がりを持つ。たくさんの枝が、複雑に絡みながら四方に伸びている姿は壮観である。このヒノキの由来は、集落を開拓し住み着いた先祖の墓印ということである。（本田）

推定樹齢：800年
樹　　高：32m
胸高周囲：８m
所 在 地：東臼杵郡椎葉村
　　　　　下福良大久保
北　　緯：32°30′29.92″
東　　経：131°12′18.12″
海　　抜：約736m
撮 影 日：2013.07.31

38 下野八幡宮のケヤキ　西臼杵郡高千穂町

樹種：ケヤキ（P94）　国指定天然記念物

（本田守）

阿蘇山や祖母山の南にある高千穂町のバスセンターから車で15分。国道325号線を北へ約4km行くと下野川があり、そのすぐ先を右折し約1.2kmのところを左折し、道なりに800m程行くと鬱蒼とした下野八幡宮が見えてくる。階段の登り口の左には逆さ杉があり、その奥に有馬杉や樹齢800年の巨大な下野のイチョウが5本、そして境内の奥に大ケヤキがある。このケヤキは山形県の日本一のケヤキよりスリムだが、樹高が高く、のびのびしている。この木がある下野八幡宮は巨木が立ち並ぶ神社で有名である。

（本田）

推定樹齢：800年
樹　　高：30m
胸高周囲：8.3m
所 在 地：西臼杵郡高千穂町下野八幡 下野八幡大神社
北　　緯：32°44′42.82″
東　　経：131°18′28.91″
海　　抜：約447m
撮 影 日：2014.03.23

39 諸和久(もろわく)のカツラ　西臼杵郡日之影町

樹種：カツラ（P87）　指定なし

（大和英一）

ＪＲ日豊本線延岡駅から車で約１時間20分。国道218号線を高千穂方面へ約25km、県道６号線との交差点で右折し道なりに約９km行くと右手に矢印の板がある。

全国２位、九州最大のカツラである。山の窪んだ斜面で水分の多い場所を好む。スギの植林地に巨大な体を支えるためしっかり根を張り、いかにも山の主といった姿である。（本田）

推定樹齢：370年
樹　　高：35m
胸高周囲：18.8m
所 在 地：西臼杵郡日之影町見立諸和久
北　　緯：32°42′47.23″
東　　経：131°24′20.25″
海　　抜：約401m
撮 影 日：2015.05.03

40 間の内のイチイガシ　豊後大野市

樹種：イチイガシ（P93）　県保護樹および村指定天然記念物

（本田守）

（大和英一）

ＪＲ豊肥本線豊後清川駅から車で奥岳川を遡る。国道 502 号線、県道45号線、県道 688 号線と進んでいき、約25分で左右知の集落のある開けた地域に出るが、その手前にある小川を渡ってすぐのところに案内板がある。ここから、左折し林道に入る。200m で林道は沢を渡るが、更に進むと再び、案内板が目に付く。そこで車を降りて、右手の谷間に降りて沢を歩くとこの木にたどり着く。左右知のイチイガシともいうが、日本最大のイチイガシで幹はこぶだらけで異様な姿である。(本田)

推定樹齢：1000年
樹　　高：20m
胸高周囲：12m
所 在 地：豊後大野市
清川町左右知
北　　緯：32° 54′ 59.53″
東　　経：131° 30′ 06.21″
海　　抜：約500m
撮 影 日：2009.05.03

緒方駅
豊後清川駅
502
45
688
間の内の
イチイガシ

41 <ruby>籾山<rt>もみやま</rt></ruby>八幡社の大ケヤキ　竹田市

樹種：ケヤキ（P94）　県指定天然記念物

（本田守）

ＪＲ豊肥本線豊後竹田駅から大野竹田バス「直入支所行」に乗り、約45分で長湯バス停に到着。そこからタクシーで７分。籾山八幡社参道は両側に巨大なスギが並んでおり、荘厳な感じがする。上に進むと左手に立派な注連縄をつけた大ケヤキがある。九州第２位の大ケヤキといわれるだけあり、巨大な岩のような幹がどっしりと腰を据えている。

上の枝分かれの部分も巨大であり、そこから古木特有のこぶを持つ太い枝が多数、四方に伸びている姿に思わず圧倒されてしまった。（本田）

推定樹齢：800～1000年
樹　　高：33m
胸高周囲：9m
所 在 地：竹田市直入町長湯6731 籾山八幡社
北　　緯：33°06′05.90″
東　　経：130°38′37.29″
海　　抜：約241m
撮 影 日：2014.12.22

（本田守）

菅原（すがわら）の大カヤ　玖珠郡九重町

樹種：カヤ（P96）　町指定天然記念物

（本田守）

（平野眞弓）

九州自動車道九重ＩＣから国道387号線を下り、川底温泉より約500m先から左折し道なりに進むと、川を挟んで浄土真宗浄明寺と菅原天満宮があり、この巨木は直線距離にしてほぼ中間にある。田んぼの中にこんもりした巨木が一本立っている。幹が樽のように太いのが印象的である。（本田）

推定樹齢	1500年	北緯	33° 10′ 45.46″
樹高	12m	東経	131° 09′ 02.61″
胸高周囲	7.7m	海抜	約596m
所在地	玖珠郡九重町 菅原 菅原天満宮	撮影日	2015.04.02

43 大杵社（おおごしゃ）の大スギ　由布市

樹種：スギ（P88）　国指定天然記念物

（本田守）

ＪＲ久大本線由布院駅から南に1.5km、車で５分ほど県道617号線、国道11号線から田中葬儀社を左折し、ふじよし旅館で右折し突き当りにある。スギの木立の中に境内があり社殿の左に御神木としてある。幹は太くずっしりしていて上に向かってまっすぐ伸びており、整った印象を受ける。大分県最大のスギで昭和９年国指定天然記念物に指定された。幹の裏側には広い空洞があり、神像が置かれてある。この神社は湯布院盆地を開拓したとされる、由布岳の神「ウナグヒメ」を祭る宇奈岐日女神社の末社である。今回は、教え子たちが撮影に参加してくれた。（本田）

推定樹齢：1000年
樹　　高：35m
胸高周囲：11m
所 在 地：由布市
湯布院町川南
大杵社
北　　緯：33°15′08.75″
東　　経：131°21′28.75″
海　　抜：約504m
撮 影 日：2015.12.26

（本田守）

 柞原（ゆすはら）八幡宮のクス　大分市

樹種：クスノキ（P87）　国指定天然記念物

ＪＲ日豊本線大分駅から西へ車で20分。国道10号線、県道696号線と進む。

大分県最大の巨木。クスノキにしては直幹部分が長く、でっぱりが少なくスッキリしている。それでいて、他種をはるかに上回る太さがあり、巨人のような迫力を感じさせる。この木が縁で創建された柞原八幡宮も豊後国一の宮として栄え社叢全体が大分県指定特別保護樹林とされている。

（本田）

（本田守）

推定樹齢：3000年
樹　　高：30m
胸高周囲：18.5m
所 在 地：大分市八幡
　　　　　柞原八幡宮
北　　緯：33°14′13.91″
東　　経：131°33′03.69″
海　　抜：約156m
撮 影 日：2014.11.16

（大和英一）

㊺ 松屋寺（しょうおくじ）のソテツ　速見郡日出町

樹種：ソテツ（P88）　国指定天然記念物

（本田守）

（本田守）

推定樹齢	800年
樹　　高	6.4m
胸高周囲	4.5m
所 在 地	速見郡日出町1921 松屋寺
北　　緯	33° 22′ 21.03″
東　　経	131° 31′ 38.49″
海　　抜	約25m
撮 影 日	2014.11.16

ＪＲ日豊本線暘谷駅から徒歩で５分。国道10号線下り方向で信号機、松屋寺入口より右折しすぐまた右折して150m先の左手にある。国指定天然記念物で、高さ、株元の周囲だけでなく南北幅 9.7m、東西幅 8.5m八岐大蛇のように幹が分かれており、江戸時代より日本一のソテツとして名高い。寺伝によると日出藩二代藩主・木下俊治が府内城（大分市）にあったものを移植したといわれている。（本田）

山蔵(やまぞう)のイチイガシ　宇佐市

樹種：イチイガシ（P93）　県指定天然記念物

（大和英一）

宇佐別府道路安心院ＩＣから車で15分。国道42号線、佐田郵便局の手前で左折、そのまま道なりに県道658号線・716号線と進むと左手に見えてくる。台風被害で一部は切除され樹冠が小さいが幹は太くまっすぐで、樹勢は大盛である。根元も太く地にしっかり這っており、２本の大枝が横に逞しく広がっている様は圧巻である。

現在は住宅地となっているが、かつてはこの場所に天満宮があり、巨木の洞に天満宮の石祠を納めてお祭りが催されていた。天満宮は明治19年に大年神社の境内に移されたが、今でも毎年12月の暮れに氏子たちによりしめ縄の張替えが行われる。山蔵の守護神として、地域の方に大切にされている。（本田）

推定樹齢：1000年
樹　　高：24m
胸高周囲：8.2m
所 在 地：宇佐市安心院町山蔵
北　　緯：33°27′18.80″
東　　経：131°24′30.85″
海　　抜：約121m
撮 影 日：2014.11.16

47 本庄(ほんじょう)の大クス　築上郡築上町

樹種：クスノキ（P87）　国指定天然記念物

（本田守）

（本田守）

国道10号線椎田道路の築城ＩＣから県道237号線を南下する。上城井小学校を過ぎてすぐ、道路標識がある。樹齢約1900年を誇る大クスがあるのは、まさに大楠神社である。1901年に焚き火による火災で大半を消失したが、奇跡的に第一枝が生き返り、今の姿になった。

環境省ランキング全国第４位、胸高周囲21ｍと、とてつもない大きさで、福岡県第１位の巨樹である。はじめてこの木を見る人は、その存在感・生命力に圧倒され、多くのものを感じとり、自分の人生さえも振り返りたくなる。毎年秋にはこの木の下で大楠コンサートが開かれ、たくさんの人が訪れる。

（本田）

推定樹齢	1900年
樹　　高	23m
胸高周囲	21m
所 在 地	築上郡築上町 本庄　大楠神社
北　　緯	33°35′21.62″
東　　経	130°58′54.85″
海　　抜	約193m
撮 影 日	2015.01.16

48 英彦山(ひこさん)の鬼スギ　田川郡添田町

樹種：スギ（P88）　国指定天然記念物

（本田守）

（本田守）

田川市から添田町を通り、英彦山温泉へ向かい、しゃくなげ荘（ホテル）をめざすと登山口へ通じる。そこの南林道を上がり、車両止めとなっているところに約10台分の駐車場がある。歩いてなだらかな林道を約20分ほど登って行くと、右側に巨大な岩場がある。

それを少し通り越した左手に「国の天然記念物（鬼杉）」の標識がある。指示に従い約20分ほど行くと谷あいに堂々とした「鬼スギ」が立っている。立札には推定樹齢1200年と書いてある。

また、全国巨樹・巨木林の会、福岡県支部の顧問であり山伏研究の第一人者でもある長野覺先生の話によれば、英彦山は修験道の霊場として非常に重要な場所であり、山伏が最も大切にするのがスギだそうだ。（本田）

推定樹齢：1200年
樹　　高：38m
胸高周囲：10.2m
所 在 地：田川郡添田町
　　　　　英彦山
　　　　　英彦山国有林
北　　緯：33°28′13.89″
東　　経：130°55′14.52″
海　　抜：約822m
撮 影 日：2013.09.27

49 隠家森（かくれがのもり） 朝倉市

樹種：クスノキ（P87） 国指定天然記念物

（本田守）

高速道路朝倉ＩＣから車で約５分のところに恵蘇宿の信号があり、その南約50mのところにある駐車場には数台停められる。そこから歩いて30m程の民家の間に、巨大な姿で国指定の天然記念物のクスノキが鎮座している。高さは21mであるが胸高周囲は18mもあり、日本では巨木ベストテンに入るほどの胸高周囲である。推定樹齢はなんと約1500年。こぶが着きどっしりとしていて、樹齢の長さが幹元に現れている。さすがに「隠家森（クス）」は高樹齢を思わせる佇まいである。

昔は恵蘇宿があり、手形不備の旅人が、暗くなる夜までこの森に隠れ、夜間に通過したので、隠家森と呼ばれている。恵蘇宿の信号をまっすぐ、次の信号の左側に恵蘇八幡宮があり、その反対側に水神社がある。それぞれに県指定天然記念物の「恵蘇八幡のクス」（胸高周囲９m）と「水神社のクス」(胸高周囲9.4m)がある。近いのでこちらも訪ねられるとよい。(本田)

推定樹齢：1500年
樹　　高：21m
胸高周囲：18m
所 在 地：朝倉市山田97
北　　緯：33°21′57.47″
東　　経：130°45′14.89″
海　　抜：27m
撮 影 日：2015.01.17

50 太宰府天満宮（だざいふてんまんぐう）のクス　太宰府市

樹種：クスノキ（P87）　国指定天然記念物

（本田守）

太宰府ＩＣより車で行く方法と、福岡ＩＣから県道35号線の古賀二日市線を太宰府方面へ行く方法がある。徒歩では西鉄太宰府駅より５分である。車の場合は参道の十字路を突き抜けて神社の横手に行くと、有料の駐車場がいくつもある。

社殿正面に向かって左側に国指定天然記念物のクスノキがどっしりと雄大に立っている。クスノキは推定樹齢約1000年。太宰府天満宮には、50本を超えるクスノキと約6000本の梅の木がある。社殿正面右側には、福岡県の花で太宰府天満宮を代表する「飛梅」がある。右奥に行くと、こちらも国指定天然記念物の「夫婦クス」がある。１本が２本に株立ちし、幹元が大きく根上りし、とくに幹周りが大きい。夫婦が寄り添っている姿に見えるのでこの名がつけられた。

太宰府天満宮は菅原道真が祀られ、年中参拝客が絶えない。とくに入試シーズンには学問の神様にあやかり、受験生が多く、祈願の絵馬が多く掛けられている。

（本田）

推定樹齢：1000年
樹　　高：33m
胸高周囲：12.5m
所 在 地：太宰府市宰府4-7-1 太宰府天満宮
北　　緯：33°31′15.85″
東　　経：130°32′03.60″
海　　抜：約52m
撮 影 日：2015.01.17

九州の巨樹・巨木と九州の植生

巨木を取り巻く植生と環境

九州の巨樹・巨木は79ページの表の通りであり、本数の順位では、1位クスノキ、2位スギとなっています。「全国樹種別巨木数」(101ページ）と比較すると、全国3位のクスノキが全国1位のスギを抜いて1位になっています。その理由としては、それぞれの植物の分布域の違いが考えられます。クスノキは関東以西の暖温帯の植物であるのに対して、スギは東北から九州までの冷温帯から暖温帯まで広範囲に生育するので、九州においてはクスノキの方が環境により適しているからということが考えられます。暖温帯の植物である3位ムクノキや7位イチイガシが多いのも同様に説明できます。もちろん巨木の存在は、環境要因だけでなく遺伝的なもの、人々の信仰心などによるわけですが、ここでは、環境すなわち植生との関係で巨木を考えてみようと思います。

＜植生とその研究の意義＞

植生とは、地表を覆う植物集団であり、大きく「森林」、「草原」、「荒原」に分けられます。それらを区分する環境要因は、「温度」と「降水量」です。このように、植生は環境の裏返しの表現なのです。植生をより細かく調べ、シイノキ林(群落)、カシ林などに区分し、地図上にその部分を色分けすれば植生図ができます。実際の植生図では、シイノキ林であれば「ヤブコウジースダジイ群集」・「ホソバカナワラビースダジイ群集」・「ミミズバイースダジイ群集」[※1]…などに区分するので、その土地の環境を細かく知ることができます。例えば「ミミズバイースダジイ群集」であれば、沿岸部の丘陵や山地斜面、沖積地の中性からやや乾性な立地に生育するので、そのような環境を示します。ちなみにこの群集は九州の低山・低地に多くみられるので、柞原八幡宮など巨木のある神社もこの群集域であることが多いです。このように植生研究の意義は、植生を群集・群落に区分し、その土地の環境を詳細に把握することです。もう1つの意義は、環境保全活動に役立つということです。原生林、社寺林を参考にして、その土地本来の植生「潜在自然植生」[※2]を明らかにすることから、地震や、津波に強い森（植生）をつくるために何という木を植えたらよいかがわかります。

＜九州の植生＞

九州の植生は日本あるいは世界的には照葉樹林と呼ばれる常緑広葉樹を主とした林です。気候的には関東以西で屋久島以北の暖温帯に含まれます。しかし海抜が約 1000m 以上になると気温が下がり、関東以北の落葉広葉樹を主とした夏緑樹林（冷温帯）と同じ林に変わります。具体的には、海岸から丘陵・山地 500m まではタブノキ・シイノキ林、海抜 500m ～ 1000m ではカシ林 ,800m ～ 1000m(中間温帯という）では、モミ・ツガ林、1000m 以上ではブナ・ミズナラ林となります。

＜九州の巨樹・巨木と植生＞

本書の巨木樹種生育地は以下のようになります。

暖温帯：クスノキ・ヒイラギ、イチイガシ

暖温帯～冷温帯：スギ・イチョウ・ケヤキ・ヒノキ・カツラ・ヤマザクラ・エドヒガン・フジ

中間温帯：カヤ

亜熱帯～暖温帯：ホルトノキ・オガタマノキ

亜熱帯：アコウ・ソテツ

九州の植生を群集・群落レベルまで細かく分けると次ページの通りです。

それぞれの群集・群落の生育環境については、「自然環境保全基礎調査（植生調査情報提供）ホームページ」の「環境省統一凡例」に記載されています。ご覧になられて、ご自分が見た巨木を取り巻く植生と環境を推定してみてください。巨木への思いがさらに増すことでしょう。

※1「群集」…優占種や標徴種で明確に区分された群落

※2　巨木の存在は、その地がその種にとっての最適環境であることを示しているので、潜在自然植生を推定するときの参考になります。

※1
九州の植物群落体系（森林植生）

※2

ヤブツバキクラス（亜熱帯・暖温帯常緑広葉樹林） 海抜0～1000 m

タイミンタチバナ－スダジイオーダー（沿海部スダジイ・タブノキ林）（海抜0～300m）
- イズセンリョウ－スダジイ群団（本州・四国・九州の暖温帯）
  - ミミズバイ－スダジイ群集
  - ホソバカナワラビ－スダジイ群集
  - ホルトノキ群落
  - イノデ－タブノキ群集
  - ムサシアブミ－タブノキ群集
- トベラ群団（海岸風衝低木・亜高木林）
  - オニヤブソテツ－ハマビワ群集
  - ホソバワダン－マルバニッケイ群集
  - トベラ－ウバメガシ群集
  - マサキ－トベラ群集

シキミ－アカガシオーダー（山地カシ林・モミ林） （海抜300～1000m）
- アカガシ－シラカシ群団
  - ヤブコウジ－スダジイ群集
  - シイモチ－シリブカガシ群集
  - ルリミノキ－イチイガシ群集
  - ツクバネガシ－シラカシ群集
  - イロハモミジ－ケヤキ群集
  - イスノキ－ウラジロガシ群集
  - ミヤマシキミ－アカガシ群集
  - シキミ－モミ群集

ブナクラス（冷温帯夏緑広葉樹林） 海抜1000 m～

シオジ－ハルニレオーダー（渓畔林）
- サワグルミ群団（渓谷林）
  - ヤマタイミンガサ－オヒョウ群集
  - ミヤマクマワラビ－シオジ群集
  - ヤハズアジサイ－サワグルミ群集
  - ヒメウワバミソウ－ケヤキ群集

ササ－ブナオーダー（ブナクラス域上部斜面林）
- スズタケ－ブナ群団（太平洋側寡雪地）
  - シラキ－ブナ群集
  - コハクウンボク－イヌブナ群集
  - オオヤマレンゲ－ツクシドウダン群集
  - ツシママママコナ－アセビ群集
- ツガ群団（ブナクラス域下部斜面林）
  - アケボノツツジ－ツガ群集
- ヒノキ群団
  - ヒカゲツツジ－ヤマグルマ群集

コナラ－ミズナラオーダー（大陸型森林・二次林）
- イヌシデ－コナラ群団
  - ツクシコウモリソウ－ミズナラ群集
  - ノグルミ－コナラ群集
  - コガクウツギ－クマシデ群集
- アカマツ群団
  - コバノミツバツツジ－アカマツ群集
  - オンツツジ－アカマツ群集
  - ミヤマキリシマ－アカマツ群集

※1植物社会学体系（クラス－オーダー－群団－群集・群落という植生分類システム）を用いた。
※2海抜はおおよその目安です。

九州の巨樹・巨木の本数 BEST20

		福岡	佐賀	長崎	熊本	大分	宮崎	鹿児島	合計
1	クスノキ	648	355	249	224	200	177	139	1992
2	スギ	106	43	35	198	285	218	129	1014
3	ムクノキ	54	61	69	94	152	36	466	932
4	イチョウ	129	71	52	206	110	70	41	679
5	シイノキ	38	59	164	23	32	47	51	414
6	タブノキ	23	26	91	29	67	88	47	371
7	イチイガシ	15	21	20	50	100	88	25	319
8	エノキ	25	21	54	99	50	31	14	294
9	ケヤキ	43	16	20	64	70	44	10	267
10	アコウ	0	0	81	23	0	13	55	172
11	ヒノキ	4	3	3	31	9	5	3	58
12	ホルトノキ	10	9	10	1	8	8	4	50
13	カヤ	2	4	5	3	19	9	3	45
14	カツラ	2	1	0	3	5	12	1	24
15	オガタマノキ	1	0	4	3	1	8	6	23
16	ソテツ	1	0	1	0	6	0	0	8
17	ヤマザクラ	2	0	0	1	1	0	2	6
18	エドヒガン	0	0	0	0	1	1	2	4
19	フジ	2	0	0	0	0	0	0	2
20	ヒイラギ	0	0	0	0	1	0	0	1

引用文献：『日本の巨樹・巨木林（九州版）』（1991）環境庁

本書に掲載した巨木 50 本

	福岡	佐賀	長崎	熊本	大分	宮崎	鹿児島	合計
クスノキ	5	3	3	2	1		3	17
スギ	2			1	1	1	1	6
イチョウ		1		1		1		3
イチイガシ				1	2			3
ケヤキ				1	1	1		3
アコウ						1	1	2
ヒノキ						1		1
ホルトノキ						1		1
カヤ					1			1
カツラ	1	1				1		3
オガタマノキ			1				1	2
ソテツ		1			1			2
ヤマザクラ				1				1
エドヒガン		1	1				1	3
フジ			1					1
ヒイラギ			1					1
							総合計	50

九州にある全国 1 位の巨木

チシャノキ	福岡県
オガタマノキ	長崎県
キンモクセイ	熊本県
ヒノキ	宮崎県
エドヒガン	鹿児島県
クスノキ	鹿児島県
アコウ	鹿児島県
単幹のスギ	鹿児島県

引用文献：『日本一の巨木図鑑』
宮誠而（2013）文一総合出版

なぜそこに巨樹・巨木があるのか

今まで私は、巨樹が存在するには生息する環境条件に適し、人間が保護してきたからであると考えてきた。

しかし、山の自然を見て歩くうちに、樹木も草木も光を求めて成長し、光を受け入れる形態をつくっている事がわかり、最近では樹木も草木も何らかの能力で、環境条件（光・水・その他）を認知し、それに応じて成長・適応するものだと考えるようになった。

例えばイヌビワのように、福岡県では落葉樹だが、南方では常緑樹になる樹木もある。クスノキは一般的には常緑樹だが、群馬県では落葉する。

種子は、発芽条件が整うと発芽し、年間を通して存在することによって光の量・温度条件・年間降水量を感知し、その空間に応じて成長していくのだと考えられる。

巨樹は環境のバロメーターだといわれる。巨樹は一定の場所に根を張り移動しないため、ある場所で巨樹が枯れるということは環境の変化に順応できなくなったと考えられるからだ。反対に動物は、環境に適応するために移動を繰り返す。

根も同様に、その場所の環境条件を認知し、伸び、成長する。また、地上に伸びる枝葉を伸ばしたままにすると、根はそれを支えようと伸び放題になる。地上の枝を剪定することで、根は伸びる必要がなくなり落ち着くのである。また、2013年度に静岡県伊豆市で開催された「巨木を語ろう全国フォーラム」の場で、樹木医の方と話をする機会があった。その方によると、樹勢が弱った巨木を治療するには、根をいかにして元気にするかが一番重要だとのこと。非常に印象深かった。

最近テレビによると、ビンの中に植物と土と水を与えてふたをすると３～５年の間は水が循環し、その空間に応じて植物が成長し、適応するのを見た。植物は何らかの能力を使い、環境条件を認知し、それに応じて成長しているらしく、何万年もの長い間、環境の変化に適応して形態を変化させ、樹齢を獲得してきたのであろう。

（石井）

高等植物分類の基礎・基本（巨木を中心に）

①分類の段階

形態や生殖、発生などにおいて共通の特徴をもち、他のものから明確に区別することができるものは種という形成単位でまとめられている。

似通った部分の多い近縁の種同士は、より大きなグループの単位である属といわれる。例えば、双子葉類、単子葉類などは綱の段階の分類名である。このようにして、現在地球上で知られているほとんどすべての生物が分類されている。

ドメイン（超界）— 界 — 門 — 綱 — 目 — 科 — 属 — 種

門＼（亜門）　綱＼（亜鋼）　目＼（亜目）　科＼（亜科）　属＼（亜属）　種＼（亜種）［変種・品種］

植物の例として「ケヤキ」をあげると、次のようになる。

ドメイン（超界）	真核生物（超界）
界	植物界
門	種子植物門
綱	双子葉植物綱
目	イラクサ目
科	ニレ科
属	ケヤキ属
種	ケヤキ

②和名と学名

日常生活の中で、私たちは身近な生物について共通にわかる名前で呼んでいる。それらは全国共通の呼び方のほか、ある地方独特の方言であったり、さまざまである。そこで、同じ種について呼び方で混乱を避けるために日本では標準和名が決められている。

しかし国際的には、同じ種をそれぞれの国の言葉で呼んでいては不便なので、特に学問の世界では共通語としての「学名」が使われている。これはスウェーデンの学者リンネ（1707 ～ 1778）が考案したもので、属名と種小名を並べることから二名法と呼ばれ、ラテン語で表記する。

一般に学名は新種の発見者または命名者名、形態や形質を意味する用語などが用いられている場合が多い。このようにして、すべての種に学名が与えられている。また、最後に命名者名がつけられる場合がある。

例えば、次のようになる。

〈標準和名〉（カタカナ）	〈属名〉	〈種小名〉	〈命名者〉
クスノキ	*Cinnamomum*	*camphora*	Linné
ス　ギ	*Cryptomeria*	*japonica*	Linné
イチョウ	*Ginkgo*	*biloba*	Linné

※命名者の表記は、《Linné》を《L.》、《Makino》を《M.》と省略して表記する場合がある。

（石井）

植物界と高等植物の分類表（九州の巨木を中心に）

<table>
<tr><th>界</th><th>門</th><th>亜門</th><th>綱</th><th>科（例）</th><th>種（本書掲載の樹種）</th></tr>
<tr><td rowspan="6">植物界（界）</td><td rowspan="3">シダ植物（門）</td><td rowspan="3"></td><td>ヒカゲノカズラ類（綱）</td><td></td><td></td></tr>
<tr><td>トクサ類（綱）</td><td></td><td></td></tr>
<tr><td>シダ類（綱）</td><td></td><td></td></tr>
<tr><td rowspan="3">種子植物（門）</td><td>裸子植物（亜門）</td><td></td><td>①ソテツ科
②イチョウ科
③マツ科
④スギ科
⑤ヒノキ科
⑥マキ科
⑦イヌガヤ科
⑧イチイ科</td><td>①ソテツ（ソテツ科）
②イチョウ（イチョウ科）
③スギ（スギ科）
④ヒノキ（ヒノキ科）
⑤カヤ（イチイ科）</td></tr>
<tr><td rowspan="2">被子植物（亜門）</td><td>単子葉類（綱）</td><td>①イネ科
②ユリ科
③タユノキ科
④ヤシ科</td><td></td></tr>
<tr><td>双子葉類（綱）</td><td>①ヤマモモ科
②ヤナギ科
③ブナ科
④ニレ科
⑤クワ科
⑥モクレン科
⑦クスノキ科
⑧カツラ科
⑨ツバキ科
⑩バラ科
⑪マメ科
⑫ミカン科
⑬カエデ科
⑭モチノキ科
⑮ホルトノキ科
⑯シナノキ科
⑰モクセイ科</td><td>①イチイガシ（ブナ科）
②ケヤキ（ニレ科）
③アコウ（クワ科）
④オガタマノキ（モクレン科）
⑤クスノキ（クスノキ科）
⑥カツラ（カツラ科）
⑦エドヒガン（バラ科）
⑧ヤマザクラ（バラ科）
⑨フジ（マメ科）
⑩ホルトノキ（ホルトノキ科）
⑪ヒイラギ（モクセイ科）</td></tr>
</table>

※エングラ体系に準ずる
引用文献：『日本の野生植物木本Ⅰ・Ⅱ』平凡社

系統分類の基本的変化の過程について

下記に図を示したが、私の生物教員時代の前半は、「界」は二界説（動物界、植物界）であった。その次にヘッケルの三界説となり、約30年ほど前から五界説が話題となり、約10年前から教科書に五界説が掲載されてきたが、2012年の教科書改訂からは、三ドメイン説が詳しく掲載されるようになった。五界説から三ドメイン（超界）説をもうけないと説明出来なくなったのである。これはＤＮＡ分析が進んだ結果による。この界から超界への変化は、科学の進歩によってより細かいところがわかるようになったためであり、非常に興味深いことである。(石井)

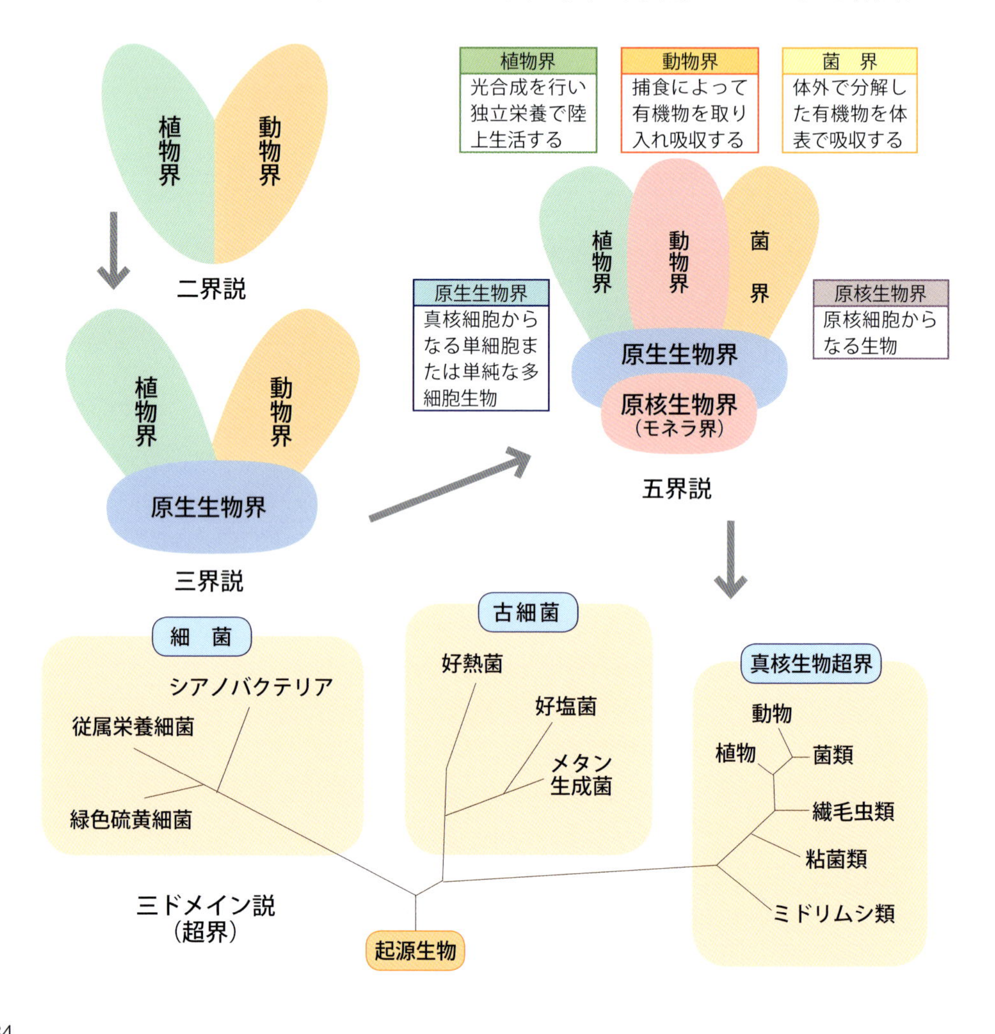

分類について

分類を重要視するのは、山口大学の恩師である故長谷芳美先生が「生物学は分類に始まって分類に終わる」とよくいっておられたからだ。私が高校の教員になって40歳を過ぎ、植物を本格的に勉強し、巨樹・巨木を観察するようになり、ようやく先生がいわれた意味がわかってきたような気がする。戦前までは博物学がと同じくらいに分類学も盛んであった。ところが1953年にワトソン、クリックがＤＮＡの二重らせん構造を発見し、ノーベル賞受賞から生物学の主流が分子生物学に移り、高校の教科書から分類が消えた。しかし、公害問題が起こり植生学、生態学が重要になり、分類が見直されるようになった。その後分子生物学とともに環境問題が世界的に重要視されるようになり、それに伴い高校の教科書にも分類の基本が復活するようになった。

私は大学時代、分類学にはあまり興味がなく、卒論は「ヌマガエル（Rana limnocharis Wiegmann）の腸内原虫、オパリナ（Opalina）の分類とその生活史の研究」で、単細胞から多細胞化への進化に取り組んだ。お寺に生まれた関係もあってすべてのものは変化するという考えがあり、生物を分類して固定的に考えることに抵抗があった。しかし、分類をし、比較していくなかで、系統分類、系統進化が見えてくるようになり、分類学が環境問題だけでなく進化を考察するのに重要なのだとわかってきた。そこでこの本にも巨樹・巨木を中心に分類の基本を載せることにした。

また、分類学には標本が重要であり、動物標本でも植物標本でも、発見した時と場所を記載する必要がある。この２つが記録されていれば、それは世界に１つしかない標本となる。その発見は一瞬一度しかないからである。

最近では、動物標本も植物標本も、場所の標記に緯度・経度を用いるようになってきている。それをデータとして記録すると、一瞬にして分布図が出るようになっている。この本の巨樹・巨木もそれに倣い、緯度・経度をＧＰＳで測定し、度・分・秒に加え、小数点第２位まで詳しく載せることにした。誤差±５ｍほどである。

読者の方々に少しでも役に立てば幸いである。

（石井）

進化に関する考察

私が生物学で尊敬する人に、宮脇昭先生と中村桂子先生がおられる。ほかにも素晴らしい人はいらっしゃるが、私は以前、お二人の講演を聞いたり、直接話す機会があった。宮脇先生は世界中に木を植えられ、自説の潜在自然植生を実証されようとしておられる。中村先生はミクロからマクロまで勉強された方で、現在、大阪府高槻市のＪＴ生命誌研究館の館長をしておられる。そこで、中村先生が唱える進化説の変化の概略を述べてみよう。

私は、生物教員として、以前は進化を直線的に説明する授業をしていた。しかし、そこに疑問を持ち、進化を扇型で表すことを提唱されたのが中村先生である。そしてさらに、2013年になって、平面ではなくマンダラ型で進化を表現されたのである。私も、立体的に表すとしたら扇型よりベターだと考える。

また、１年前の「日本生物教育会全国大会」では、高尾山で行われた現地研修の説明者から進化の変遷に関して２つの話を聞いた。１つは、針葉樹は乾燥地で進化し、寒冷地に適応していった。もう１つは、林縁には遷移の過程（**コケからシダ→草本→陽樹**）が残っており、人間が保護することによって残っているということであった。この話は、教科書にも載っていないし、授業でも取り扱われることが少ないが大変印象深かった。

ここで私論を１つ。鹿児島の桜島を訪れたときに、岩場の栄養のないところにクロマツばかりが生えていた。アカマツは霧島でも山口でも、やや内陸で土壌が豊かなところに存在する。そこから、クロマツからアカマツへと進化していったと考えられるのではないかと思った。これはすでに述べられていることかもしれないが、おもしろい。

最後に、生命（ＤＮＡ）がこの地球上に生きられるあらゆるところに適応放散していること。例えば、動物の腸内、森林の土壌中、海底及び海底のさらに石炭層に。北極、南極、熱水孔。その他諸々。驚異の生命力である。

テレビで葉緑体を持ったウミウシが見つかったと伝えられた。私たちの想像以上に長い進化の過程でＤＮＡが切れたり、結合したりしているようだ。

（石井）

樹種について ※その他には、特徴的な用途・材質などを記載

1．クスノキ〔楠〕（クスノキ科ニッケイ属）Cinnamomum camphora【常緑広葉高木】（▶P26、P29、P31、P33、P34、P40、P41、P43、P49、P50、P54、P56、P57、P69、P72、P74、P75）

見分け方　樹形が円蓋（ドーム）形、樹皮がでこぼこ、葉脈が三行脈、その付け根にダニ室あり。

生育環境　暖温帯～亜熱帯　二次林や攪乱を受けた場所に生育する。

木の特徴　①樹形：円蓋形　樹高40m、胸高直径８ｍに達する。
②葉：単葉、互生、7.5～15.5㎝、卵形・楕円形、全縁、葉脈が三行脈。
③樹皮：でこぼこ、裂け目が縦に入る。
④花：両性花、黄緑色、平開、花弁６枚、花期は５～６月。
⑤果実：黒紫色、球形、液果、径１㎝、果期は秋。
⑥その他：建築材・家具材・器具材・楽器材・船材・彫刻材・木魚・樟脳の材料。

分布域　本州（中南部）・四国・九州・韓国済州島・台湾・中国（中南部）

原産地　中国江南地方とも言われる

2．カツラ〔桂〕（カツラ科カツラ属）Cercidiphyllum japonicum Sieb.et Zucc 桂【落緑広葉高木】（▶P28、P30、P64）

見分け方　樹形が卵形、老木は数本～十数本の多幹からなる株状、葉がハート型で対生。

生育環境　冷温帯～暖温帯上部　沢沿いや湿潤な斜面。

木の特徴　①樹形：卵形　幹は直立、根元からたくさんの幹を出すことがある。樹高30m、胸高直径２ｍ以上に達する。
②葉：長柄は十字対生、まれに互生、短枝には先端に１個のみ着く。広卵形～卵円形で基部は浅い心形。波状の鈍鋸歯縁。開葉時は赤褐色。
③樹皮：黒褐色、縦の皮目を生じ、板状の薄片となって剥落する。新枝は、帯紅褐色、前年枝は黒褐色え短枝がある。
④花：雌雄異株。短枝上に着く、雄花は雄ずい多数。葯、雄花の柱頭と花柱は紅紫色。花期は４～５月。

⑤果実：袋果、円柱状で長さ約15㎜、９～10月に熟し、緑色～褐色になり裂開する。

⑥その他：家具材・器具材・彫刻材・碁盤・将棋盤材。

分 布 域　北海道・本州・四国・九州

原 産 地　日本固有種

３．スギ〔杉〕（スギ科スギ属）Cryptomeria japonica【常緑針葉高木】

（▶ P27、P45、P55、P61、P68、P73）

見分け方　樹形は細長い円錐形、樹皮は縦裂し細長い薄片、葉は鎌状針形。

生育環境　冷温帯～暖温帯上部　植林では山の谷部に植える。

木の特徴　①樹形：細長い直立型、樹高30 ～ 40m、胸高直径１～２mに達する。

②葉：単葉、らせん状互生、長さ５～ 12㎜、鎌状針形、枯れると小枝ごと落ちる。

③樹皮：赤褐色～灰褐色、縦裂し細長い薄片に剥離する。

④花：雌雄同株。雄花は黄色で長さ６～７㎜小枝の先端に着生する。雌花は緑色で径２㎜小枝に単生する。花期は２～３月。

⑤果実：毬果径1.5 ～２㎝、木質、褐色に熟し、乾くと裂開し、中から径５～７㎜で狭い翼がついた褐色で楕円形の種子が風散布される。果期は秋。

⑥その他：建築材・船舶材・車両材・器具材・家具材・庭園樹。

分 布 域　本州・四国・九州（南限：鹿児島県屋久島）・中国

原 産 地　日本固有種

４．ソテツ〔蘇鉄〕（ソテツ科ソテツ属）Cycas revoluta【常緑低木】

（▶ P32、P70）

見分け方　樹形は円柱形で直立、樹皮は葉跡で埋まっている。葉はシダ植物のような複葉で硬い。

生育環境　亜熱帯　海岸の断崖地。

木の特徴　①樹形：円柱形で直立または、根元から数本群がって立つ。細い枝はない。樹高１～４m、胸高直径25 ～ 30㎝に達する。

②葉：茎頂に叢生、長さ50 ～ 100㎝、１回羽状に分裂し、裂片は線

形で互生、長さ８～20㎝、質は硬く、表面は黒緑色で光沢があり、裏面は淡緑色で僅かに、軟毛がある。

③樹皮：葉跡で埋まって黒褐色である。

④花：頂生、雌雄異株。雄花は円柱形、直立で長さ50～70㎝、幅10～30㎝、雌花は茎頂につき、長さ20㎝内外の大胞子葉が球状に集まる。大胞子葉は褐色の綿毛を密生し、下部のふちに３～６個の胚珠をつける。花期は６～８月。

⑤果実：種子は卵形やや扁平、長さ４㎝の朱赤色で光沢有り。

⑥その他：漢方薬、茎からでん粉をとり種子を食用とする。

分 布 域　九州（宮崎県以南）・沖縄・台湾・中国（江南、広東、広西、雲南等）

原 産 地　日本・中国南部

５．エドヒガン［江戸彼岸］（バラ科サクラ属）Prunus pendula Maxim.f.ascendens(Makino)Ohwi【落葉広葉高木】

（▶ P36、P51）

見分け方　樹形が球形、樹皮が暗灰褐色で皮目が目立つ、葉が狭長楕円形。

生育環境　冷温帯～暖温帯上部

木の特徴　①樹形：球形、幹は下の方で分かれる。樹高20m、胸高直径１ｍに達する。

②葉：互生、狭長楕円形10㎝、葉頂は尾状に尖りやや二重鋸歯縁。葉柄は約１㎝の長さ両面に軟毛を散生。

③樹皮：暗灰褐色で粗造、浅く剥皮。

④花：雌雄同株。花期は４月。

⑤果実：核果。径１㎝の楕円形、熟すと黒紫色。

⑥その他：散孔材・建築材・器具材・家具材・楽器材・彫刻材薪炭材・庭園樹。

分 布 域　本州・四国・九州・台湾・中国・韓国済州島

原 産 地　日本

６．イチョウ［銀杏］（イチョウ科イチョウ属）Ginkgo biloba【落葉広葉高木】

（▶ P35、P48、P59）

見分け方　樹形が円錐形、葉が扇形、樹皮は灰色のでこぼこが縦列。

生育環境　暖温帯～亜熱帯　陽樹、大気汚染に強い、耐火性、耐寒性、萌芽力があり、潮風に弱い。

木の特徴　①樹形：円錐形、樹高30m、胸高直径2.5mに達する。

②葉：単葉、扇形、中央が切れ込む、束生、幅５～７㎝、薄い革質で無毛、葉脈は二又分岐して平行脈となる。秋に黄葉。

③樹皮：灰色で縦裂、太い枝の基部からときに気根（俗に乳という）を下垂する。

④花：雌雄別株。雄花は、淡黄色の約２㎝の穂で多数の雄しべあり、雌花は柄を含めて長さ２～３㎝。緑色で柄の先に２個の胚珠がある。花期は４～５月。

⑤果実：球形～広楕円形、長さ２～３㎝、悪臭のある黄褐色肉質の外種皮あり。種子は白く堅い内種皮に包まれたいわゆる銀杏である。果期は10月（成熟）。

⑥その他：碁盤・将棋盤・器具・彫刻材・食用（ぎんなん）公園樹・街路樹・社寺林・防火樹（火熱に強い）・防風樹・建築材。

分 布 域　北海道～沖縄

原 産 地　中国（安徽省・浙江省）日本には野生がなく、室町時代から植栽されたと言われる。

備　　考　植栽で成長が早い。精子を持つ植物として、ソテツとともに有名である（1896年、東京大学理学部助手の平瀬作五郎が発見し世界を驚かせた）。

７．フジ〔藤〕（マメ科フジ属）Wisteria　floribunda DC.【落葉広葉藤本】（▶ P37）

見分け方　つるは上から見て右巻きに巻く（ヤマフジは左巻き）、小葉は９～13枚、花序はヤマフジ（30～50㎝）より長い。

生育環境　中間温帯～暖温帯　林縁に多い。

木の特徴　①樹形：つる状形、右まきに巻き付く。胸高直径５～10cm。

②葉：互生、奇数羽状複葉。長さ12～25㎝の大形葉。葉柄は長く小葉は５～９対で全緑、両面に多少絹毛状の毛があるが、成葉ではほと

んど無毛。

③樹皮：淡灰茶色でややねじれ、縦筋が少し走る。

④花：雌雄同株。新枝の葉えきに、紫色で径約1.2～2cmの両性の蝶形花を、長さ30～90cmの総状花序に着け、下垂する。花期は4～6月頃。

⑤果実：豆果で莢果。短毛を密生し黒褐色に熟すと割裂。中から黒色の扁平で円形の種子が2～4個落下する。果期は9～10月（成熟）。

⑥その他：環状材。

分布域　本州・四国・九州・沖縄・朝鮮半島

原産地　日本固有種

8．シダレザクラ〔枝垂桜〕、別名 イトザクラ（バラ科 サクラ属）

Prunus pendula f.ascendens【落葉広葉高木】（▶ P38）

見分け方　小枝が細く垂れ下がる。

生育環境　冷温帯～暖温帯　陽樹、排水の良い肥沃地を好むが、やや乾燥地でも育ち成長は早い。

木の特徴　①樹形：枝が枝垂れる。樹高20m、胸高直径1mに達する。

②葉：単葉、細い倒卵形だがエドヒガンより幅が広い。先がとがり、有毛。

③樹皮：灰褐色で皮目が輪状に並ぶ。若枝は有毛。

④花：両性花、淡紅白色、葉が出る前に咲く、ソメイヨシノより早い。花期は3～4月。

⑤その他：庭園・公園・社寺などに植える。

分布域　北海道・本州・四国・九州

原産地　園芸種

備　考　栽培、エドヒガンを母種とした品種。ほかにベニシダレ、ヤエベニシダレなどの品種がある。日本の主なサクラはエドヒガン・ヤマザクラ・オオシマザクラの3種で、サクラの巨木の約70%を占めるのはエドヒガンである。ソメイヨシノはオオシマザクラとエドヒガンの雑種である。

9．オガタマノキ〔黄心樹・招霊木〕（モクレン科オガタマノキ属）Michelia

compressa【常緑広葉高木】（▶ P39、P52）

見分け方　小枝で葉のついた部分に環状の線がある。若い枝に帯褐色の短伏毛がある。

生育環境　陰樹、稚幼樹は樹下でもよく生育、肥沃で深層の土壌を好む。適湿地によく育つ。移植力は極めて不良。挿し木は困難。

木の特徴　①樹形：卵形、幹は直立、枝分かれが多い。樹高 20m、胸高直径 1 m に達する。

②葉：互生、長楕円形、長さ 5 ～ 12㎝、鋭頭で鈍端、全縁で波状縁、下面は帯青色、冬芽はさび色の毛が密生。

③樹皮：帯緑灰色で平滑、幼枝には、帯褐色の短伏毛あり。のちに無毛。

④花：葉腋に単生し径 3 ㎝、芳香あり。花期は 3 ～ 4 月。

⑤果実：こぶし状に集まり、長さ 5 ～ 10㎝。種子は赤色である。果期は 10 月（成熟）。

⑥その他：庭園や神社・公園に植栽・街路樹・床柱・家具材。

分 布 域　本州（関東以西の太平洋側）・四国・九州・琉球・台湾・フィリピン

原 産 地　日本

10. ヒイラギ〔柊〕（モクセイ科モクセイ属）Osmanthus heterophyllus【常緑広葉小高木】（▶ P42）

見分け方　樹形は卵形、樹皮は灰白色、葉のふちに大きい刺がある。

生育環境　冷温帯～暖温帯上部　植林では山の谷部に植える。

木の特徴　①樹形：卵形、樹高 4 ～ 8 m に達する。

②葉：葉柄 7 ～ 12㎜、楕円形。倒卵状長楕円形、厚くて硬い。表面暗緑色で光沢有り。下面は淡緑または黄緑色。若木ではふちに 2 ～ 5 対の大きい刺あり。長さ 4 ～ 7 ㎝、幅 2 ～ 4 ㎝、老木のものはやや小さく、全縁となり、鋭頭。

③樹皮：灰白色、若枝には葉柄と共に毛あり。

④花：雌雄異株。葉腋に束生、白色、花柄は長さ 5 ～12㎜、香気がある。花は同形。花期は 11 月。

⑤果実：楕円形、翌年 7 月頃に紫黒色、長さ12 ～ 15㎜。種子は峡楕円形。

⑥その他：生け垣・大金づちの柄・細工物・器具・印材。

分 布 域　本州（関東地方以西）・四国・九州・琉球・台湾

原 産 地　東アジア

11. イチイガシ〔一位樫〕（ブナ科コナラ属）Quercus gilva【常緑広葉高木】（▶ P44、P65、P71）

見分け方　幹が直幹性で壮大、幹は古くなると樹皮がはがれ落ち、その下に渦巻状の模様が現れる。葉の裏面は黄褐色の短い軟毛が密生。

生育環境　暖温帯～亜熱帯　低地の肥えた土地。成長は早くない。

木の特徴　①樹形：樹冠は広い卵形、樹高30m、胸高直径1.5mに達する。

②葉：単葉、互生、葉身は革質、倒皮針形か広倒皮針形、長さ5～15cm、幅2～3cm、急鋭尖頭、葉縁上半分に単鋸歯、表面は深緑色、裏面は黄褐色の星状毛が密生。

③樹皮：灰黒褐色で薄片となってはがれる。幼枝は黄褐色星状毛が密生、のち無毛となる。

④花：雌雄同株。新葉とともに、雄花は新枝の下部葉腋に尾状に下垂する。雌花は新枝の上部葉腋に2～3個つける。風媒。花期は5月。

⑤果実：年内に熟す。殻斗の環状の鱗片は6～7層、堅果の長さは約2㎝。

⑥その他：食料・建築材・器具材・公園・社寺に植えられる。

分 布 域　関東南部以西～四国・九州・済州島・台湾・中国

原 産 地　日本（本州千葉県以南）・済州島・台湾・中国

12. ヤマザクラ〔山桜〕（バラ科サクラ属）Prunus jamasakura Sieb.exKoidz【落葉広葉高木】（▶ P47）

見分け方　樹形が卵形、樹皮が暗紫褐色で皮目は横長で目立つ、赤褐色の新葉とともに開花。

生育環境　冷温帯～暖温帯　丘陵から山地の伐採跡地などの二次林に生育する。

木の特徴　①樹形：卵形、分枝が多い。樹高25m、胸高直径1ｍに達する。

②葉：若葉は赤褐色成葉は長楕円形または倒卵状長楕円形、尾状鋭尖頭で裏面は灰緑色。葉縁は鋭鋸歯縁。葉柄は長く、2個の蜜腺を有す。

③樹皮：暗紫褐色で横に縞模様あり。やや平滑、皮目は大きく横長に散生する。

④花：雌雄同株。赤褐色または淡茶色の新葉とともに開花。淡紅白色、径3～3.5㎝の5弁花が散房花序に咲く。花期は4月。

⑤果実：球形、径0.9㎝の核果で6月に赤色から紫黒色に熟す。

⑥その他：家具の材料（樺細工）・公園樹。

分 布 域　本州・四国・九州・朝鮮半島

原 産 地　日本

13. ケヤキ〔欅〕（ニレ科ケヤキ属）Zelkova serrata【落葉広葉高木】（▶ P46、P63、P66）

見分け方　樹形はイチョウの葉を立てた形、樹皮は雲紋状の薄片となって剥皮、葉が細かく繊細。

生育環境　冷温帯下部～暖温帯上部　山腹下部や渓谷の岩石地。

木の特徴　①樹形：杯形、樹高は50ｍ、胸高直径2.7ｍに達する。

②葉：単葉、互生、卵状被針形で鋭尖頭、葉脚は浅い心形でふぞろい、鋭い鋸歯縁で長さ3～7㎜、葉脈が鋸歯の先まである。

③樹皮：灰褐色、平滑、老木になると雲紋状の薄片となって剥皮する。

④花：雌雄同株。雄花は若枝の下部に束生、雌花は上部に1～4個着く。花期4～5月。

⑤果実：痩果、径4㎜の不整な腎形で、秋に褐色に熟す。

⑥その他：建築材・器具材・家具材・土木材・船材・彫刻材・ろくろ細工材・薪炭材。木目は明瞭で美しい、心材の水湿に対する保存性は高い。

分 布 域　本州・四国・九州・朝鮮半島・中国・台湾

原 産 地　日本・朝鮮半島・台湾・中国

14. アコウ〔榕、赤榕、赤秀、雀榕〕（クワ科イチジク属）Ficus superba Var. japonica【常緑広葉高木】（▶ P53、P58）

見分け方　樹形は円蓋形、樹皮は灰褐色、枝や幹からたくさんの気根を垂らす。

生育環境　暖帯南部から亜熱帯の沿岸部、石灰岩地、岩石に根を張る。隣接する樹木に絡む。

木の特徴　①樹形：円蓋形、樹高20m、胸高直径１ｍに達する。

②葉：単葉、楕円形から長楕円形、長さ８～16cm、幅３～10cm全縁、両面無毛、革質、先端は鈍頭、枝先に集まり、らせん状につく葉柄２～６cm。

③樹皮：灰褐色、若枝は無毛、枝を取り巻いて托葉の落ちた跡がある。芽は広卵形で托葉に包まれている。

④花：雌雄同株。花期は５月。

⑤果実：花のう（イチジクと同じ）は球形、白色、熟すと径1.0～1.5cm、淡紅色に白点がある。葉腋に１～４個束生する。

⑥その他：絞め殺しの木と呼ばれている。防風樹・防潮樹・街路樹・屋敷林・観葉植物。

分 布 域　本州（和歌山県・山口県）・四国・九州・琉球・台湾・中国南部原・インドシナ半島・タイ・マレーシア半島西側

原 産 地　南九州～東南アジア

15. ホルトノキ、別名紋樫（ホルトノキ科ホルトノキ属）Elaeocarpus sylvestris var.ellipticus【常緑広葉高木】（▶ P60）

見分け方　樹形は卵形、樹皮は灰褐色、常に一部の葉が紅葉している。

生育環境　暖温帯　沿海地の林内。

木の特徴　①樹形：卵形、樹高13m、胸高直径50cmに達する。

②葉：やや革質、倒披針形－長楕円状披針形、ヤマモモの葉に似ているが、こちらの方が厚く、波打っていない。長さ６～12cm、幅1.6～３cm、無毛、低い鈍鋸歯あり、やや鈍頭、基部は鋭角、葉柄0.5～１cm。

③樹皮：灰褐色でなめらか。若枝は淡黄褐色の毛あり。

④花：雌雄同株。花弁は白色、内面下部に開出する微毛あり。花期は７～８月。

⑤果実：長卵状楕円形、長さ1.5～２cm。

⑥その他：建築材・船舶材・車両材・器具材・家具材・庭園樹・街路樹。

分 布 域　本州（千葉県以西）・四国・九州

原 産 地　本州（千葉県南部以西）・四国・九州・沖縄・済州島・中国南部・台湾・

インドシナ半島

16. ヒノキ〔檜〕（ヒノキ科ヒノキ属）Chamaecyparis obtusa【常緑針葉高木】（▶ P62）

見分け方　樹幹がよく分枝、通常円錐形の樹冠、葉の裏面の白色の気孔帯がＹ字状、樹皮の薄片の幅がスギより大きい。

生育環境　暖温帯～冷温帯下部の岩角地・尾根や溶岩地など極端に乾燥する場所に自生。植林では山の尾根部に植える。

木の特徴　①樹形：樹形は円錐形。樹高30m、胸高直径１mに達する。

②葉：単葉、十字対生、小さな鱗片葉で中央の鱗片葉は菱形、側方２枚は鎌形、２～３㎜、裏面に白色の気孔帯がＹ字状にある。

③樹皮：灰褐色～赤褐色、長い薄片が縦に剥皮する。

④花：雌雄同株。雄花は楕円形で長さ２～３㎜の褐色小枝の先に着き、雌花は緑色の球形で径４㎜小枝に単生。花期は４月。

⑤果実：毬果、球形で径約１㎝、木質、秋に褐色に熟し、乾くと六角形に裂開し、中から径約３㎜で縁に翼がついた褐色で円形の種子が風散布される。

⑥その他：建築材・器具材・車両材・船舶材・庭園樹

分 布 域　福島県以南～四国・九州　※植林多し

原 産 地　日本固有種

17. カヤ〔榧〕（イチイ科カヤ属）Torreya nucifera(L.) Sieb.et Zucc【常緑針葉高本】（▶ P67）

見分け方　樹形は円錐形、葉が線形で先が針状で痛い。

生育環境　冷温帯下部～暖温帯上部前年。

木の特徴　①樹形：円錐形、幹は直立。樹高25m、胸高直径2mに達する。

②葉：線形先端は鋭く尖り、触れると痛い。表面は深緑色、裏面は淡緑色で２条の白い気孔帯がある。

③樹皮：灰黄褐色で平滑、海綿状繊維質に薄く剥がれる。幹の下部から太枝が分枝、小枝は多い。

④花：雌雄異株。雄花、雌花ともに前年枝に着く。淡黄～緑黄色で小

球形。花期は４～５月。

⑤果実：核果様の種子は翌年秋に成熟、仮種皮に包まれた種子は初め緑色、後に紫褐色に熟す。

⑥その他：碁盤材・建築材・器具材。種子から最高級の食用油が採れる。

分 布 域　本州・四国・九州・韓国済州島

原 産 地　日本（本州：宮城県以南～屋久島）

＜参考文献＞

北村四郎・村田源〔共著〕(1979)『原色日本植物図鑑 木本編（Ⅰ）（Ⅱ）』保育社

林弥栄ほか〔監修〕(1985)『原色樹木大図鑑』北隆館

奥田重俊〔編著〕(1997)『日本野生植物館』　小学館

猪上信義・岡野昌明・斉城巧〔共著〕(1998)『カラーガイド「福岡県の樹木」』葦書房

佐竹義輔ほか〔編〕(1999)『日本の野生植物木本Ⅰ・Ⅱ』平凡社

九州大学の森と樹木編纂委員会 (2002)『九州大学の森と樹木』政府刊行物普及株式会社

（本田 守）

菩提樹について

福岡県には、**中国ボダイジュ（シナノキ科）**と**インドボダイジュ（クワ科）**がある。中国ボダイジュは、栄西禅師が持ってきたといわれている。その中国ボダイジュは、香椎宮の裏の報恩寺に今でもあり、**日本最古のボダイジュ**と書かれた立て札がある。

私が、学生時代も含め6年間お世話になった、山口県にある洞春寺の境内にも、中国ボダイジュがあった。重要文化財の観音堂の前にあり、その前の看板には福岡の報恩寺から持ってこられたと詳しく書かれていた。日本にある中国ボダイジュは香椎宮の裏のボダイジュから日本全国に広まったのである。

インドボダイジュは、福岡県では育たないと聞いていた。私が最初にインドボダイジュを見たのは、福岡市植物園の温室の中だったが、そんなに大きくはなかった。その後、福岡市大手門の徳栄寺にもあると聞き、樹齢約20年ほどの立派なインドボダイジュを見に行った。環境条件がよかったのだろうという話である。

また、最近では『福岡県の巨樹・巨木ガイド』（2012年）の著者である佐野義明氏から福岡市西区今津の金千寺にもあると聞き、大きさはさほどではないが、特有の葉をつけた立派なインドボダイジュを見に行った。住職によると、チェンマイ（旧ビルマ）の僧侶が鉢植えで持ってきたのを地に植え、根付き、移植後約25年が経っているとのことである。冬場は、寒さに注意しなければならないそうだ。また、この一帯は霜の降りない地域だと聞いた。加えて、お釈迦様が巨木の前で座禅をして悟りを開いた時のインドボダイジュの子孫だとも聞いた。大学時代の友人が送ってきた資料によると、巨木の前で瞑想するのはお釈迦様の時代は一般的だったとある。

台湾を訪れた際は、街路樹として多く植えてあり、身近なものだと感じた。

私が、この本の編集協力者でもある本田守先生とネパールを訪れた際、お釈迦様が生まれたルンビニ園から約200km離れたポカラに、樹齢約1000年と思われる大きなインドボダイジュがあった。私にはイチョウの大きな木とクスノキの大きな木を合わせたように感じられた。本田先生は、それを見て、インドボダイジュは日本ではクスノキが一番似ているといわれていた。

崇徳禅寺副住職　石井静也

インド仏蹟参拝旅行に参加して

2015年（平成27）２月26日～３月４日にインド仏蹟参拝旅行に、この本の共著者である本田守先生と参加することができた。今回はインドボダイジュを多く見ることができた。最初は乾季の影響で葉がほこりにまみれて、光合成は大丈夫なのかと心配になったが、後半に雨にあい、葉が緑になり安心した。

この地方の植生は雨緑樹林帯と言われ、乾季には落葉し、雨季には緑の樹木が多いことで納得することができた。

お釈迦様がインドボダイジュの前で悟られた、そのインドボダイジュは大仏塔の横に柵をして保護されていた。東南アジアを中心に世界中から僧侶と信者が参拝しに来ていて、グループごとにお経をあげていた。

先に述べたように、台湾の街路樹にインドボダイジュが多く植えられていたのは信仰の問題なのだろうと思っていたが、ブッダガヤ周辺と台湾が緯度がほぼ同じで自然環境も近いからと思われる。　（石井静也、本田守）

写真後列右端、石井。左端は、本田。

全国の胸高周囲 BEST30（全樹種）

順位	樹種	名称	所在地	胸高周囲	樹高	指定	登録（年）
1	クスノキ	蒲生の大クス	鹿児島県姶良市	2422	30	国	2000
2	クスノキ	阿豆佐和気神社の大クス	静岡県熱海市	2390	20	国	1988
3	イチョウ	北金ヶ沢のイチョウ	青森県西津軽郡深浦町	2200	40	国	2000
4	クスノキ	本庄の大クス	福岡県築上郡築上町	2100	23	国	1988
5	クスノキ	川古の大楠	佐賀県武雄市	2100	25	国	2000
6	カツラ	権現山の大カツラ	山形県最上郡最上町	2000	40		2000
7	クスノキ	衣掛の森	福岡県糟屋郡宇美町	2000	20	国	2000
8	クスノキ	武雄の大楠	佐賀県武雄市	2000	30	市町村	2000
9	クスノキ	藤崎台のクスノキ群	熊本県熊本市	2000	22	国	2001
10	スギ	将軍杉	新潟県東蒲原郡阿賀町	1931	38	国	2001
11	クスノキ	橘原八幡宮のクス	大分県大分市	1850	30	国	2000
12	クスノキ	大谷のクスノキ	高知県須崎市	1800	25	国	2000
13	クスノキ	隠家の森	福岡県朝倉市	1800	21	国	1988
14	カツラ	諸和久のカツラ	宮崎県西臼杵郡日之影町	1795	26		2002
15	カツラ	岩間寺のカツラ	滋賀県大津市	1765	40		2000
16	クスノキ	志布志の大クス	鹿児島県志布志市	1710	23	国	1988
17	スギ	岩屋の大スギ	福井県勝山市	1700	33	市町村	1988
18	クスノキ	水屋の大クス	三重県松坂市	1663	38	都道府県	2000
19	カツラ	高坂の大カツラ	山形県最上郡真室川町	1630	20		2000
20	スギ	縄文杉	鹿児島県熊毛郡屋久島町	1610	30	国	1988
21	クスノキ	川辺の大クス	鹿児島県南九州市	1600	15	国	2000
22	クスノキ	旗山の樟	鹿児島県肝属郡錦江町	1600	25	市町村	2000
23	カツラ	一ツ森林道のカツラ	青森県西津軽郡深浦町	1590	30		2006
24	クスノキ	引作の大クス	三重県南牟婁郡御浜町	1570	49	都道府県	2000
25	クスノキ	湯蓋の森	福岡県糟屋郡宇美町	1570	20	国	2000
26	ケヤキ	東根のケヤキ	山形県東根市	1560	28		2000
27	クスノキ	明神の楠	神奈川県足柄郡湯河原町	1560	15		2000
28	スギ	洞杉	富山県魚津市	1560	20	国	2000
29	スギ	杉の大杉	高知県長岡郡大豊町	1560	57		2001
30	ケヤキ	中屋敷熊野神社のケヤキ	長野県東御市	1550	40		2000

※［緑色］は九州にあるもの　　巨樹データベースウェブサイトより

全国樹種別胸高周囲 BEST 5 ※九州が入るもののみ

樹種	順位	名称	所在地	胸高周囲	樹高	指定	登録（年）
スギ	1	将軍杉	新潟県東蒲原郡阿賀町	1931	38	国	2001
	2	縄文杉	鹿児島県熊毛郡屋久島町	1610	30	国	1988
	3	洞杉	富山県魚津市	1560	20		2000
	4	杉の大スギ（南大杉）	高知県長岡郡大豊町	1560	57	国	2001
	5	清澄の大スギ	千葉県鴨川市	1505	44	国	2000

ヒノキ	1	大久保のヒノキ	宮崎県東臼杵郡椎葉村	930	32	国	2000
	2		石川県白山市	878	24		2000
	3		石川県白山市	830	20		2000
	4	祇園大ヒノキ	宮崎県西臼杵郡五ヶ瀬町	782	27		2000
	5	夫婦檜	山梨県富士吉田市	765	33		2000
ホルトノキ	1	比波預天神社のホルトノキ	静岡県伊東市	690	18		2002
	2	御神木	静岡県伊東市	640	25		2000
	3	コブノキ	東京都小笠原村	631	22		2000
	4	竹野のホルトノキ	宮崎県東諸県郡綾町	630	13		2000
	5	チーノキ	静岡県賀茂郡阿津町	600	15		1988
ムクノキ	1	三日月の大ムク	兵庫県佐用郡佐用町	990	19	都道府県	2000
	2	椋本の大ムク	三重県津市	950	16	国	1988
	3	天引八幡神社の大椋	京都府丹南市	913	31	市町村	2002
	4	七巻天神のムクノキ	熊本県熊本市	900	25		2000
	5	山神宮のムクノキ	大分県国東市	900	25		
モミ	1	追手神社の千年モミ	兵庫県篠山市	780	34	国	1988
	2	囀石のモミ	群馬県中之条町	761	40	市町村	2000
	3	竹森八幡神社のモミ	広島県庄原市	735	30	市町村	2000
	4	樫葉のモミ	宮崎県日南市	690	30		1988
	5		宮崎県日南市	660	30		1988
アコウ	1		東京都小笠原村	1540			
	2	信楽時のアコウ	鹿児島県指宿市	1378	22		2007
	3	奈良尾のアコウ	長崎県南松浦郡新上五島町	1200	25	国	2000
	3	真乙婆御獄のオオバアコウ	沖縄県石垣市	1200	12		1988
	4	樫之浦の大アコウ	長崎県福江市	1120	15	都道府県	1988
	4	永目神社のアコウ	熊本県上天草市	1120	15	都道府県	2000
イチョウ	1	北金ヶ沢のイチョウ	青森県西津軽郡深浦町	2200	40	国	2000
	2	福城寺の大イチョウ	熊本県下益城郡美里町	1525	25	市町村	2006
	3	宮田のイチョウ	青森県青森市	1470	18		2000
	4	長泉寺の大公孫樹	岩手県久慈市	1470	25	国	2000
	5	法量のイチョウ	青森県十和田市	1450	36	国	2000
カシ類	1	左右知のイチイガシ	大分県豊後大野市	1200	20	市町村	1988
	2	上十町のイチイガシ	熊本県玉名郡和水町	853	25	都道府県	1988
	3	東椎屋のイチイガシ	大分県宇佐市	840	30	市町村	1988
	4	長生のイチイガシ	熊本県上益城郡御船町	820	23	市町村	1988
	5	山倉のイチイガシ	熊本県宇佐市	815	24	都道府県	1988
カツラ	1	権現山の大カツラ	山形県最上市最上町	2000	40		2000
	2	諸和久のカツラ	宮崎県西臼杵郡日之影町	1795	26		2002
	3	岩間寺のカツラ	滋賀県大津市	1765	40		2000
	4	高坂の大カツラ	山形県最上郡真室川町	1630	20		2000
	5	一ツ森林道のカツラ	青森県西津軽郡深浦町	1590	30		2006
クスノキ	1	蒲生の大楠	鹿児島県姶良市	2422	30	国	2000
	2	阿豆佐和気神社の大クス	静岡県熱海市	2390	20	国	1988
	3	本庄の大クス	福岡県築上郡築上町	2100	23	国	1988
	4	川古の大楠	佐賀県武雄市	2100	25	国	2000
	5	衣掛の森	福岡県糟屋郡宇美町	2000	20	国	2000

※［　　］は九州にあるもの　　巨樹データベースウェブサイトより

※上記空欄は名称不詳によるものです。

全国の樹種別巨木総数

順位	樹　種　名	本　数
1	スギ	13,681
2	ケヤキ	8,538
3	クスノキ	5,160
4	イチョウ	4,318
5	スダジイ	3,286
6	タブノキ、イヌグス	1,907
7	ムクノキ	1,465
8	モミ	1,364
9	エノキ	1,221
10	クロマツ、オマツ	933
11	カヤ	854
12	アカマツ、メマツ	736
13	ヒノキ	681
14	ミズナラ	665
15	トチノキ	647
16	カツラ	508
17	ブナ	504
18	イチイガシ	420
19	シラカシ	363
20	エドヒガン、アズマヒガン	323
21	アカガシ	296
22	ハルニレ・ニレ	292
23	ツブラジイ	268
24	シイノキ	244
25	サワラ	240
26	アコウ	239
27	ツガ、トガ	236
28	イヌマキ	214
29	ホルトノキ、モガシ	204
30	ヤマザクラ	198
31	サクラ	190
32	イチイ	190
33	ウラジロガシ	187
34	クロガネモチ	182
35	イブキ、ビャクシン	166
36	クリ	163
37	コウヤマキ	140
37	ヤマモモ	140
37	ガジュマル	140
40	カシ	139
41	センダン	138
42	アラカシ	132
43	サイカチ	130
44	コナラ、ハハソ	127
45	ハリギリ、センノキ	120
46	カシワ	107
47	デイゴ	100
48	シダレザクラ	98
49	ソメイヨシノ	98
50	アベマキ	82
	その他の樹種	3,024
合計		55,798

『日本の巨樹・巨木林（全国版）』1991年（その後多少変更あり）

九州各県別胸高周囲 BEST 5

樹種	順位	名称	所在地	胸高周囲	樹高	指定	登録（年）
福岡県							
クスノキ	1	本庄の大クス	築上郡築上町	2100	23	国	1988
クスノキ	2	衣掛の森	糟屋郡宇美町	2000	20	国	2000
クスノキ	3	隠れ家の森	朝倉市	1800	21	国	1988
クスノキ	4	湯蓋の森	糟屋郡宇美町	1570	20	国	2000
クスノキ	5	鈍土羅の楠	八女市	1410	30	国	2000
佐賀県							
クスノキ	1	川古の大楠	武雄市	2100	25	国	2000
クスノキ	2	武雄の大楠	武雄市	2000	30	市町村	2000
カツラ	3	下合瀬の大カツラ	佐賀市	1480	35	国	1988
クスノキ	4	塚崎の大楠	武雄市	1360	18	市町村	2000
クスノキ	5	海童神社の楠	杵島郡白石町	1150	19	都道府県	2000
長崎県							
クスノキ	1	大徳寺の大クス	長崎市	1345	14	都道府県	2000
イチョウ	2	琴のイチョウ	対馬市	1330	31	都道府県	2000
クスノキ	3	松崎の大楠	島原市	1300	27	都道府県	2000
アコウ	4	奈良尾のアコウ	南松浦郡新上五島町	1200	25	国	2000
クスノキ	5	諫早公園の大クス	諫早市	1184	25	国	2000
熊本県							
クスノキ	1	藤崎台のクスノキ群	熊本市	2000	22	国	2001
イチョウ	2	福城寺の大イチョウ	下益城郡美里町	1525	25	市町村	2006
クスノキ	3	郡浦の天神樟	宇城市	1490	23	都道府県	1988
クスノキ	4	藤崎台のクスノキ群	熊本市	1440	22	国	2001
クスノキ	5	小川阿蘇神社の大楠	下宇城市	1410	27	市町村	1988
大分県							
クスノキ	1	檮原八幡宮のクス	大分市	1850	30	国	2001
クスノキ	2	鷹神社の大クス	中津市	1200	19	市町村	2006
イチイガシ	3	左右知のイチイガシ	豊後大野市	1200	20	都道府県	1988
イチョウ	4	平井天神の大イチョウ	玖珠郡玖珠町	1200	14	国	2001
クスノキ	5	楠生八幡社のクスノキ	大分市	1110	20	市町村	1988
宮崎県							
カツラ	1	諸和久のカツラ	西臼杵郡日之影町	1795	30		2002
スギ	2	八村杉	東臼杵郡椎葉村	1330	19	国	2000
カツラ	3	向山のカツラ	西臼杵郡高千穂町	1330	20		1988
クスノキ	4	清武の大楠	宮崎市	1320	14	国	2000
クスノキ	5	上穂北のクス	西都市	1200	20	国	2000
鹿児島県							
クスノキ	1	蒲生の大楠	姶良市	2422	30	国	2000
クスノキ	2	志布志の大クス	志布志市	1710	23	国	1988
スギ	3	縄文杉	熊毛郡屋久島町	1610	30	国	1988
クスノキ	4	川辺の大クス	南九州市	1600	15	国	2000
クスノキ	5	旗山ノ樟	肝属郡錦江町	1600	25	市町村	2000

巨樹データベースウェブサイトより

おわりに

これで、私にとって巨樹・巨木の本が３冊目になりました。山口県版、福岡県版につづき、今回は九州版で本田守先生との共著ということになりました。写真は大和英一さんと平野眞弓さんに提供を頼み、不足部分は本田先生と私の写真を使用しました。

共著というのはなかなか難しく、それぞれに考えと思いがあって、時々意見の食い違いもあります。しかし、話し合いを重ねることで少しでも良くなることを実感しました。

私は39年高校生物教員をしました。大学の卒論は「カエルの腸内原虫オパリナ」で単細胞から多細胞への進化の過程がテーマでした。ここ数十年で、ＤＮＡ分析が一気に進んだ感があり、この技術でオパリナを分析して単細胞から多細胞の過程の解明の一つになることを期待しています。

また退職後は巨樹・巨木の魂力にとりつかれ３冊も本を出版することとなりました。考えてみれば、全生物の中で巨木が最も大きく長寿でした。動物で最も大きいシロナガスクジラでも、寿命は約150年と言われています。巨樹の寿命は数千年を超えるものもあります。生物教育をした縁を感じています。

巨樹・巨木や植生をさらに深く勉強したい人のために、参考図書・参考文献を充実させました。

本書の出版の目標は2016年（平成28）８月に行われる日本生物教育会の熊本大会に間に合うようにと本田先生と頑張ってきました。おかげさまで何とか間に合いました。

本書ができるまで支援してくれた家族とともに、たくさんの方々とのご縁とご協力をいただき感謝いたします。

また出版にあたり、梓書院のスタッフの方々にはいつも応援していただきました。とくに藤山明子氏、鶴田純氏は取材に同行していただき、編集にあたっては大変お世話になりました。誌上をお借りして感謝申し上げます。

最後に、車で見学に行かれる時は交通事故に十分気をつけていただきたいと思います。

2016年（平成28）１月吉日　石井静也

著者紹介

本田守（ほんだ まもる）
1953 年　熊本市生まれ
1972 年　熊本県立第二高等学校理数科卒業
1978 年　九州大学農学部卒業
1989 年～ 1988 年　熊本県立松橋高等学校教員（生物担当）
1988 年～ 1989 年　熊本県立宇土高等学校教員（　〃　）
1988 年～現在　九州国際大学付属高等学校教員（　〃　）
1989 年　福岡植物友の会入会
2009 年　全国巨樹・巨木林の会入会
現住所　〒 811-4146　福岡県宗像市赤間 2 丁目 2-5

石井静也（いしい しずや）
1947 年　福岡県宮若市（旧鞍手郡若宮町）円福寺に生まれる
1966 年　福岡県立鞍手高等学校（福岡県直方市）卒業
1971 年　山口大学文理学部生物学科卒業
1971 年～ 1973 年　私立山口鴻城高校教員（生物担当）
1973 年～ 1974 年　私立東海第五高校教員（〃）
1973 年　福岡県立田川農林高校教員（〃）
〜　〃　新宮高校教員（〃）
〃　福岡養護学校高等部教員（理科担当）
2008 年　〃　宇美商業高等学校教員（〃）
2009 年～ 2010 年　福岡学習支援センター教員（〃）
2010 年～ 2011 年　飯塚学習支援センター教員（〃）
1990 年　福岡植物友の会入会
2006 年　全国巨樹・巨木林の会入会
現住所　〒 813-0031　福岡県福岡市東区八田 1 丁目 1-1-1008

写真提供者紹介

大和英一（やまと ひでかず）
1956 年　福岡県北九州市生まれ
1978 年　福岡大学工学部化学工学科卒業
2009 年　全国巨樹・巨木林の会入会
2011 年　東亜天文学会入会
天体や巨樹・巨木等の自然を撮影している。

平野眞弓（ひらの まゆみ）
1959 年　福岡県北九州市生まれ
1998 年～　巨樹・巨木鑑賞、撮影をはじめる
2003 年　全国巨樹・巨木林の会入会
現在　百貨店勤務

◆参考図書・参考文献

熊本記念植物採集会〔編〕（1969）『熊本県植物誌』長崎書店
文化庁文化財保護部 〔監修〕（1971）『天然記念物事典』第一法規出版
福岡県高等学校生物研究部会〔編〕（1975）『福岡県植物誌』博洋社
初島佳彦（1976）『日本の樹林』講談社
宮脇昭〔編〕（1977）『日本の植生』学研
宮脇昭〔責任編集〕（1978）『日本植生便覧』至文堂
宮脇昭〔編〕（1981）『日本植生誌九州』至文堂
大分生物学活会（1981）『大分の生物』大分合同新聞社
中西哲・大場達之・武田義明・服部保〔共著〕（1983）『日本の植生図鑑＜Ⅰ＞＜Ⅱ＞』保育社
福岡植物研究会編（1984）『福岡の植物　第10号』
高橋英男・中川重年〔編〕（1984）『世界文化生物大図鑑　植物Ⅰ・Ⅱ』世界文化社
林弥栄〔編〕（1985）『日本の樹木』山と渓谷社
中村元　編著（1986）『仏教植物散策』東選書
長野覺（1987）『英彦山修験道の歴史地理学的研究』名著出版
佐賀植物友の会〔編〕（1987）『佐賀の自然と植物』佐賀植物友の会
田辺 三郎助〔編〕（1989）『神仏習合と修験』（「修験道の歴史と現状」長野覺）新潮社
大分県植物誌刊行会〔編〕（1989）『大分県植物誌』佐伯印刷株式会社
杉本正流（1989）『鹿児島の植物図鑑』朝日新聞印刷書籍
宮脇昭・読売新聞社〔編〕（1990）『新 日本名木100選』読売新聞社
奥田重俊〔編著）（1990）『日本植物群落図説』至文堂
林一六（1990）『自然地理学講座５　植生地理学』大明堂株式会社
環境庁〔編〕（1991）『日本の巨樹・巨木林 第４回 自然環境保全基礎調査（全国版）』
環境庁〔編〕（1991）『日本の巨樹・巨木林 第４回 自然環境保全基礎調査（九州・沖縄版）』
岩瀬徹・川名興〔共著〕（1991）『校庭の樹木』全国農村教育協会
大野照好（1992）『鹿児島県の植物』春苑堂出版
日本の地質「九州地方」編集委員会〔編〕（1992）『日本の地質9九州地方』共立出版株式会社
村上雄秀（1994）『日本のマント群落に関する植物社会学的研究』
加藤陸奥雄・沼田眞・渡部景隆・畑正憲〔編〕（1995）『日本の天然記念物』講談社
益村聖（1995）『九州の花図鑑』海鳥社
梅原猛ほか（1997）『巨樹を見に行く』講談社
奥田重俊〔編著〕(1997)『日本野生植物館』小学館
安田喜憲・三好教夫〔編〕（1998）『図説　日本列島植生史』朝倉書店
伊藤秀三（1998）『長崎県の巨樹銘木　テクノロジー長崎』
天野正幸（1998）『縄文杉— 屋久杉をみつめて』丸善名古屋出版サービスセンター

猪上信義・岡野昌明・斉城巧〔共著〕（1998）『カラーガイド 福岡県の樹木』葦書房
渡辺典博（1999）『巨樹·巨木　日本全国674本』山と渓谷社
平岡忠夫（1999）『巨樹探検　森の神に会いにゆく』講談社
渡辺新一郎（1999）『巨樹と樹齢　立ち木を測って年輪を知る樹齢推定法（改訂版）』新風舎
宮脇昭・板橋興宗〔共著〕（2000）『鎮守の森』新潮社
平岡忠夫（2001）『巨樹画集』奥多摩町
平野秀樹・巨樹·巨木を考える会〔編〕（2001）『森の巨人たち・巨木100選』講談社
宮崎正隆（2001）『木霊の宿る空間』
池田隆範（2001）『みやざき巨樹の道』鉱脈社
吉田繁・蟹江節子〔共著〕（2002）『地球遺産 最後の巨樹』講談社
林一六（2003）『植物生態学』古今書院
佐藤洋一郎（2004）『クスノキと日本人』八坂書房
福岡県水産林務部緑化推進課（2004）『福岡県の巨木・名木』
福嶋司〔編〕（2005）『植生管理学』朝倉書店
福嶋司・岩瀬徹〔編著〕（2005）『図説　日本の植生』朝倉書店
渡辺典博（2005）『続 巨樹·巨木　日本全国846本』山と渓谷社
週刊日本の樹木別冊（2005）『巨樹に会いにゆく 巨樹総集編』学習研究社
五木寛之（2006）『21世紀仏教への旅　インド編　上』講談社
高橋弘（2008）『巨樹·巨木をたずねて』新日本出版社
梅野秀和（2009）『九州の一本桜』梓書院
熊谷信孝（2010）『英彦山・犬ヶ岳山地の自然と植物』海鳥社
服部保（2011）『図説生物学30講　環境編１「環境と植生30講」』朝倉書店
吉田繁・蟹江節子〔共著〕（2012）『日本遺産　神宿る巨樹』講談社
三宅貞敏（2012）『続続 やまぐち祈りの108樹』里山自然誌の会
佐野義明（2012）『福岡県の巨樹・巨木ガイド』梓書院
宮誠而〔写真・解説〕（2013）『日本一の巨木図鑑　樹種別日本一の魅力120』文一総合出版
石井静也（2013）『山口県の巨樹·巨木入門ガイド』梓書院
高橋弘（2014）『日本の巨樹―1000年を生きる神秘』宝島社
濱野周泰（2015）『世界の巨樹と絶景の森』学研パブリッシング
奈良崎高功（2015）『いのちの森　屋久島』海鳥社
宮脇昭（2015）『見えないものを見る力』藤原書店株式会社

「いきものログ」http://ikilog.biodic.go.jp/
2013年12月より、環境省による巨樹・巨木林調査の専用ホームページが開設されました。

長崎県、松崎の大クスの前にて撮影　2014年11月24日
（左より、大和・平野・本田・石井）

厳選 九州の巨樹・巨木巡り 入門ガイド

2016年4月8日発行

著　者　本田　守
　　　　石井静也

発行者　田村志朗

発行所　㈱梓書院

〒812-0044 福岡市博多区千代3-2-1

tel 092-643-7075　fax 092-643-7095

編集・制作／鶴田純

印刷・製本／大同印刷㈱

ISBN978-4-87035-568-2